国家出版基金项目
NATIONAL PUBLICATION FOUNDATION

涡轮机械与推进系统出版项目

航空发动机技术出版工程

航空发动机结构强度试验

徐友良　陈亚农　杜少辉　等　编著

科学出版社

北　京

内 容 简 介

　　本书全面介绍航空发动机转子试验、轮盘试验、轴类试验、机匣结构件试验、叶片试验、齿轮试验、直升机传动系统试验、应力应变测试等内容，提炼多年来航空发动机结构强度试验经验，全书均按照科研试验流程对各类试验进行详细论述。

　　本书可供航空发动机及燃气轮机、机械传动系统等相关专业的科研试验技术人员参考，也可作为高等院校航空发动机及燃气轮机、机械传动系统等相关专业高年级本科生或研究生的辅助教材。

图书在版编目(CIP)数据

航空发动机结构强度试验／徐友良等编著. —北京：
科学出版社,2022.11
航空发动机技术出版工程　国家出版基金项目
涡轮机械与推进系统出版项目
　ISBN 978 - 7 - 03 - 073882 - 0

　Ⅰ.①航…　Ⅱ.①徐…　Ⅲ.①航空发动机—结构强度
—实验　Ⅳ.①V231.91 - 33

中国版本图书馆 CIP 数据核字(2022)第 220112 号

责任编辑：徐杨峰／责任校对：谭宏宇
责任印制：黄晓鸣／封面设计：殷　靓

科 学 出 版 社 出版
北京东黄城根北街 16 号
邮政编码：100717
http://www.sciencep.com

南京展望文化发展有限公司排版
广东虎彩云印刷有限公司印刷
科学出版社发行　各地新华书店经销

*

2022 年 11 月第　一　版　开本：B5(720×1000)
2024 年 10 月第七次印刷　印张：12 1/4
字数：240 000

定价：100.00 元
(如有印装质量问题,我社负责调换)

航空发动机技术出版工程
专家委员会

航空发动机技术出版工程
编写委员会

涡轮机械与推进系统出版项目

序

  涡轮机械与推进系统涉及航空发动机、航天推进系统、燃气轮机等高端装备。其中每一种装备技术的突破都令国人激动、振奋，但是由于技术上的鸿沟，使得国人一直为之魂牵梦绕。对于所有从事该领域的工作者，如何跨越技术鸿沟，这是历史赋予的使命和挑战。

  动力系统作为航空、航天、舰船和能源工业的"心脏"，是一个国家科技、工业和国防实力的重要标志。我国也从最初的跟随仿制，向着独立设计制造发展。其中有些技术已与国外先进水平相当，但由于受到基础研究和条件等种种限制，在某些领域与世界先进水平仍有一定的差距。在此背景下，出版一套反映国际先进水平、体现国内最新研究成果的丛书，既切合国家发展战略，又有益于我国涡轮机械与推进系统基础研究和学术水平的提升。"涡轮机械与推进系统出版项目"主要涉及航空发动机、航天推进系统、燃气轮机以及相应的基础研究。图书种类分为专著、译著、教材和工具书等，内容包括领域内专家目前所应用的理论方法和取得的技术成果，也包括来自一线设计人员的实践成果。

  "涡轮机械与推进系统出版项目"分为四个方向：航空发动机技术、航天推进技术、燃气轮机技术和基础研究。出版项目分别由科学出版社和浙江大学出版社出版。

  出版项目凝结了国内外该领域科研与教学人员的智慧和成果，具有较强的系统性、实用性、前沿性，既可作为实际工作的指导用书，也可作为相关专业人员的参考用书。希望出版项目能够促进该领域的人才培养和技术发展，特别是为航空发动机及燃气轮机的研究提供借鉴。

张彦仲

2019 年 3 月

航空发动机技术出版工程

序

航空发动机被誉称为工业皇冠之明珠,实乃科技强国之重器。

几十年来,我国航空发动机技术、产品及产业经历了从无到有、从小到大的艰难发展历程,取得了显著成绩。在世界新一轮科技革命、产业变革同我国转变发展方式的历史交汇期,国家决策进一步大力加强航空发动机事业发展,产学研用各界无不为之振奋。

迄今,科学出版社于2019年、2024年两次申请国家出版基金,安排了"航空发动机技术出版工程",确为明智之举。

本出版工程旨在总结、推广近期及之前工作中工程、科研、教学的优秀成果,侧重于满足航空发动机工程技术人员的需求,尤其是从学生到工程师过渡阶段的需求,借此也为扩大我国航空发动机卓越工程师队伍略尽绵力。本出版工程包括设计、试验、基础与综合、前沿技术、制造、运营及服务保障六个系列,2019年启动的前三个系列近五十册任务已完成;后三个系列近三十册任务则于2024年启动。对于本出版工程,各级领导十分关注,专家委员会不时指导,编委会成员尽心尽力,出版社诸君敬业把关,各位作者更是日无暇晷、研教著述。同道中人共同努力,方使本出版工程得以顺利开展、如期完成。

希望本出版工程对我国航空发动机自主创新发展有所裨益。受能力及时间所限,当有疏误,恭请斧正。

2024 年 10 月修订

本书序

航空发动机被称为飞机的"心脏",其发展水平是一个国家综合国力、工业基础和科技水平的集中体现,被誉为现代工业"皇冠上的明珠"。

现代航空发动机在满足飞机基本的功能和性能前提下,应具有高的安全性、可靠性和耐久性。发动机性能与结构强度一直是对立统一的两个方面,高性能发动机要求推重比/功重比高、耗油率低、尺寸小、重量轻,这就意味着发动机必须工作在高温、高压、高转速的极端恶劣条件,使发动机构件负荷增加,承载能力降低。因此,航空发动机研制过程中必须充分重视并科学、合理地处理好发动机性能与结构强度之间的矛盾。

航空发动机结构强度涵盖发动机整机及零部(组)件的结构功能、强度、刚度(变形)、振动、疲劳、蠕变、屈曲、损伤容限等诸多方面,并与气动热力学、材料和制造工艺等密切相关、相互制约。发动机结构强度设计主要包括设计计算和试验验证两个方面。设计计算主要通过经典理论公式(含软件)或已有的经验关系式对结构强度进行分析,判断其是否满足设计标准、规范要求,但是,设计计算条件是否合理、结果是否正确,则需要通过试验进行进一步验证。因此,结构强度试验是发动机强度设计中的关键环节之一,其重要性不仅体现在研制过程,还体现在发动机生产和外场使用中,如发动机设计改进改型以及外场服役中的质量保证、故障分析与排除等工作,往往都需要借助大量的结构强度试验进行验证。

航空发动机结构强度试验的主要作用是: ① 验证强度计算方法(含软件)和结果的准确性;② 验证设计方案、改进改型方案的可行性;③ 验证新结构、新材料、新措施的有效性;④ 验证结构参数选取的合理性。

"实践是检验真理的唯一标准"。结构强度试验是检验、考核发动机整机及其零部(组)件是否满足国军标或适航规定要求的重要依据,是提高航空发动机安全性、可靠性、耐久性的重要保证,是发动机研制、生产、使用过程中不可或缺的重要环节。

该书是长期从事航空发动机结构强度试验的科技人员在我国航空发动机研制过程中积累的宝贵经验结晶,从发动机整机及其零部(组)件结构强度、刚度、振动、疲劳等多个方面阐述各类结构强度试验的内容与方法、设备与测试技术、安装要求与加载方式、数据采集与处理以及评定标准等问题,具有较高的科研价值和工程应用价值,是一部既有理论又有实践的科技著作,对航空发动机新机研制,服役机种的延寿、排故,现役机种的改进、改型都具有重要意义。

该书对从事航空发动机、燃气轮机的科研人员,生产企业的工程技术人员及航空院校师生都具有参考价值。

高德平

2022 年 6 月

前　言

　　《航空发动机结构强度试验》是为适应航空发动机强度试验技术人员培养要求,使本科生和研究生从学生尽快成长为工程师,由中国航发集团主持编写的"航空发动机技术出版工程"试验系列之一。本书由中国航发湖南动力机械研究所(中国航发动研所)主编,由中国航发沈阳发动机研究所(中国航发动力所)、中国航发商用航空发动机有限责任公司(中国航发商发)、中国航发贵阳发动机设计研究所(中国航发贵阳所)等单位参与编写。中国航发动研所徐友良任主编,中国航发动研所陈亚农和中国航发动力所杜少辉任副主编。

　　本书提炼和总结了编者多年来从事结构强度试验研究的成果,对试验内涵、地位和作用、体系、经验教训以及主要零部件强度试验的目的、原理与方法、试验流程、试验设备、试验数据处理、试验结果的分析与评定等进行了系统阐述。以往国内外尤其是国内,在航空发动机研制中更重视性能,致使航空发动机结构强度试验的研究和实践相对落后,并暴露出越来越多结构强度相关的安全性和可靠性问题,造成了巨大损失,使业界对结构强度试验重要性的认识得到空前的提高,推动了本书的编写;另外,国内外航空发动机设计规范一般只规定试验项目与要求,并不给出操作层面的指导,本书在一定程度上解决了这个问题。鉴于直升机传动系统与涡轴发动机联系特别密切,本书将直升机传动系统齿轮试验、运转试验和零部件强度与疲劳试验也进行了阐述。

　　全书共9章,其中,第1章绪论由廖学军和杜少辉编写,第2章航空发动机转子试验由邓旺群主持编写,第3章航空发动机轮盘试验由唐金主持编写,第4章航空发动机轴类试验、第5章航空发动机机匣结构件试验由许炼主持编写,第6章航空发动机叶片试验由王平、曹华夫主持编写,第7章航空发动机齿轮试验由刘川主持编写,第8章直升机传动系统试验由夏海纯、陈建初主持编写,第9章应力应变测试由郭天才、雷沫枝主持编写。中国航发动研所唐广、边杰、张坤负责统稿。南京航空航天大学陈伟、西北工业大学任兴民、中国航发动研所袁巍对全书进行了审核。

编者

2022 年 6 月

目　录

第1章　绪　　论

第2章　航空发动机转子试验

第 3 章 航空发动机轮盘试验

第 4 章 航空发动机轴类试验

第5章　航空发动机机匣结构件试验

第6章　航空发动机叶片试验

第7章　航空发动机齿轮试验

第8章 直升机传动系统试验

第9章　应力应变测试

第1章
绪　论

1.1　结构强度试验的内涵

　　航空发动机结构强度试验的目的是验证发动机结构强度、变形、振动、疲劳、蠕变、损伤容限、寿命及结构可靠性等是否满足设计标准、规范和实际使用需求,试验对象涵盖发动机整机及零部件。其中,零部件主要包括轮盘、隔圈、主轴、机匣、叶片(风扇叶片、压气机叶片、涡轮叶片)、燃烧室、喷嘴组件、齿轮、传动部件(联轴节、紧固件等)、安装节、封严结构等,甚至还包括测试用的安装座、传感器,只要这些测试装置可能存在需要验证的结构强度、振动与耐久性问题,就应该纳入结构强度试验范畴。

1.2　结构强度试验的地位和作用

　　国际民航规定的飞行安全标准是死亡率应控制在 0.02 人/(亿人·千米)以下,而火车和汽车分别为 0.08 人/(亿人·千米)和 0.93 人/(亿人·千米),明显高于国际民航标准要求,说明飞机的安全性要求更为严苛,即在早期研制阶段,必须通过开展系统全面的试验验证工作方能保证这一安全性指标的实现。而航空发动机作为飞机的主要动力来源,其安全和可靠方面的重要性不言而喻,相关的试验验证要求也近乎苛刻。

　　以往经验表明,发动机研制和使用过程中出现的问题大多与结构强度紧密相关,因此一直以来,结构强度试验都是航空发动机研制过程的关键环节之一,是飞机在整个服役期内安全运行的重要保障,与国家财产安全以及成千上万机乘人员生命安全息息相关。特别是随着现代航空发动机技术的飞速发展,温度和转速越来越高,压比越来越大,工作环境愈发恶劣,其可靠性和耐久性问题也更加凸显,给结构强度设计和试验带来了巨大挑战。结构强度试验的作用主要体现在如下几个方面。

（1）结构强度试验是评价发动机设计寿命与可靠性的重要手段。一般来说，发动机结构件设计寿命与可靠性都是基于标准材料力学性能数据给定的，但是，受结构复杂性、尺寸效应、材料表面状态差异等因素影响，结构件力学性能参数与标准材料试样数据相比，往往会有较大衰减，导致设计出现偏差，这就需要通过全尺寸试验件在实际工况条件下的考核试验才能给出相对准确的评价。

（2）结构强度试验是验证发动机性能提升方案是否可行的重要依据。性能持续不断地提升是发动机设计工程师孜孜以求的目标，而提高发动机性能的主要途径不外乎降低重量，提高工作压力、转速和温度。降低重量、提高压力和转速会导致结构件单位功率/推力的负荷增加；提高温度会使材料的承载能力下降。此外，工作转速的提高，还容易带来动力学方面的问题。因此，能否实现发动机的高性能目标，必须借助必要的结构强度试验进行判定。

（3）结构强度试验是实现缩短研制周期、降低研制及使用维护费用目标的重要途径。充分而有效的结构强度试验，可以提前暴露发动机上存在的设计缺陷，及时提出改进建议，贯彻改进措施，将问题解决在设计阶段，减少研制后期及外场使用过程中故障问题导致的人力、物力投入与时间消耗，大大缩短发动机研制周期，降低研制及使用维护费用。

1.3　结构强度试验体系

国内发动机研制过程中，针对整机和零部件开展了大量的结构强度试验研究，鉴定考核、验证试验等，逐步建立了较为完备的结构强度试验设备。完成了与之对应的试验测试技术研究，形成了一批较为成熟的试验方法、数据处理评定方法与合格判定准则，提炼出了一系列试验技术标准、规范和指南，在此基础上构建起了初步的结构强度试验(含测试)体系。

发动机结构强度试验体系包含流程、工具和规范三个核心要素，试验流程包括从试验任务输入(或试验技术要求)到试验数据入库和报告提供的每个环节，测试流程包含从仪器仪表、传感器的设计或选择到数据处理和显示的每个环节；工具包括试验设备、测试设备，整个试验活动中涉及的设计、计算软件等；规范主要由试验规范、测试规范、校准规范等组成，包括流程中每一环节的具体内容和方法(实际上也包含流程)、遵循的标准或准则等。

1.4　结构强度试验中的测试

结构强度试验中，测试是其中很重要的环节。强度试验测试主要有静态/静动态应变测试，振动、冲击与噪声测试，温度测试，特种测试(动应力测试、轴向力测试、高温测试)等。

静态/静动态应变测试用以评估试验载荷施加的正确性,以及应力计算分析的准确性。现有的应变测试包括电学测试和光学测试。应变测试根据测试对象所处的工作温度环境可分为常温测试和高温测试,根据测试对象所处的工作状态可分为静态测试、动静态测试和动态测试。光学测试又分为光弹性、电子散斑、光纤光栅、云纹测试等。

振动、冲击与噪声测试为发动机整机和零部件振动、冲击与噪声评估提供基础数据,为试验设备和试验件能否安全运转提供判定依据。

温度测试则为试验温度条件的确定提供实测数值。

1.5　结构强度试验与强度分析的关系

结构强度试验与强度分析紧密联系,主要表现在以下三方面:

(1) 结构强度试验对计算分析结果的准确性与合理性进行校核;

(2) 结构强度试验的载荷大小与施加方式、测试范围、监测部位等需通过计算分析给定;

(3) 结构强度试验设备的安全性评估需要借助计算分析确定。

1.6　结构强度试验与产品设计的关系

结构强度试验前,试验人员应首先了解被试件的结构、功能、设计寿命等内容。试验时,不可能将试验相邻的部件全部作为陪试件,在设计试验转接段时,应合理设计陪试件,保证试验得到正确的评估,即需要提前对设计思想、设计细节做全面的了解和分析。制定试验方案时,需要从产品设计部门了解试验件的任务模式和试验载荷来源,保证加载大小和加载方式的准确性。试验技术要求由产品设计人员编制,试验人员会签。试验方案、大纲由试验人员编制,产品设计人员会签。产品试验人员应跟踪试验进程,对试验进行动态分析。

1.7　结构强度试验经验教训

试验载荷为试验关键参数,应给出载荷确定的依据和流程,制定合理、准确的试验方案。试验边界条件模拟要准确,使用试验件代替实际构件要特别慎重。同时要重点关注静强度、刚度分析与动力学分析对试验的指导作用,载荷给定值和对应的应力水平必须有较好的符合性。测试是试验结果评价的基础,必须保证得到足够的测试数据以评价试验结果的准确性、有效性和可追溯性,要严格按照试验大纲和安全操作规程进行试验。

1.8　结构强度零部件试验技术发展

随着发动机研制水平的提高,以及保障条件建设的支撑,零部件试验加载精度明显提高,测试手段更为先进。复合材料试验技术、构件缺陷/损伤试验技术已进入应用阶段,转子动力特性试验技术稳步发展,包容性试验技术飞速发展,虚拟仿真试验技术显著加强,高温动态应变测试技术水平不断提升,结构裂纹在线检测由静子件发展到旋转构件,试验分析手段呈现多样化,试验测试体系逐步趋于完善等,有力推动了整个试验工作朝着系统化、标准化和规范化的方向发展。

第 2 章
航空发动机转子试验

2.1　概　　述

转子动力学是固体力学的一个分支,主要研究转子-支承-基础系统在旋转状态下的振动、平衡和稳定性问题,其研究方向包括:转子系统的动力学建模与分析方法;转子系统的临界转速(本书中通常指弯曲临界转速)、振型与不平衡响应预测;转子系统的稳定性分析;转子系统的故障模式和机理、动态特性、监测方法和诊断技术等。

转子动力学的发展,是与大工业的发展紧密相关的。1869 年,Rankine 的《论旋转轴的离心力》是第一篇有记载的研究转子动力学的文献,文章关于"转轴只能在一阶临界转速以下稳定运转"的结论使转子的工作转速一直被限制在一阶临界转速以下。1919 年,Jeffcott 通过对简单模型转子(该模型 1895 年由 Foppl 提出)的研究,得到了在超临界运行时,转子会产生自动定心现象,因而可以稳定工作的结论。20 世纪 20 年代起,各国设计和生产了很多种超临界工作的涡轮、压缩机、泵等转子,但在使用中不断地发生严重的振动事故。美国通用电气公司的研究实验室对转子-支承系统的稳定性进行了一系列的试验研究。1924 年,Newkirk 指出转子的这类不稳定现象是油膜轴承造成的,确定了稳定性在转子动力学分析中的重要地位。Lund 在稳定性研究领域也做出了重要贡献。

20 世纪 50 年代以来,随着电力、航空、航天、石化、船舶等工业的飞速发展,各种旋转机械向高速、重载、自动化方向发展,在国防及国家经济建设中的作用越来越突出,对转子动力学的研究也提出了更重、更新的任务,以满足在旋转机械设计及使用中提出的更高要求。

鉴于转子动力学特性对发动机的重要性,转子动力学设计是否满足要求必须通过试验进行验证,下面简要介绍航空发动机转子的主要试验项目。

临界转速试验:通过旋转状态下的转子系统振动试验,获得特定转速区间内的转子系统临界转速,确保其临界转速避开常用的工作转速范围。这类试验目前已比较成熟。

振型/模态试验：通过静态或旋转态下的试验测试获得转子系统在特定频率范围内的主要振动模式，即振型。目前，转子系统振型的获得仍然以静态下的模态测试方法为主，旋转态下的模态测试由于受试验条件、测量设备等限制而未得到完全普及。

稳态不平衡响应试验：通过试验方法测量转子系统工作在特定不平衡量条件下的振动水平，获得转子系统对不平衡量的敏感性。这类试验目前已比较成熟。

瞬态不平衡响应试验：通过试验方法获得转子系统在丢失部分质量（如叶片丢失）或受到突加外载条件下的瞬时振动情况。这类试验因实施困难，代价和风险亦很大，目前主要在模拟转子上进行，在真实航空发动机上还未开展过。

弹性支承（以下简称弹支）-挤压油膜阻尼器动力特性试验：通过试验方法获得转子系统在弹支-挤压油膜阻尼器不同结构参数条件下的动力学特性。这类试验目前已广泛开展，如通过调整弹支刚度、挤压油膜阻尼器结构参数（如油膜的厚度和轴向长度）等方法获得较佳的转子系统动力学特性。

转子动平衡试验：通过试验方法将转子系统不平衡量控制在特定范围以内，使其满足工程设计要求。转子动平衡试验分为低速动平衡和高速动平衡，低速动平衡目前在发动机转子上已经得到普遍应用，平衡技术和工艺比较成熟；高速动平衡主要在发动机柔性转子上大量使用，其平衡技术和工艺已初步掌握，但还需要基于具体的柔性转子灵活应用。

稳定性试验：通过试验方法获得转子的失稳门槛转速等，该试验在真实的发动机转子上还未开展过，主要问题是失稳门槛转速在理论上很难确定，试验中如何创造失稳条件、如何准确识别转子失稳状态也极为困难。

振动主动控制试验：借助执行机构，通过实时测量、实时反馈的方式控制转子系统的振动。该类试验由于增加了一套执行反馈机构，目前尚停留在理论研究和实验室模拟验证阶段，在真实发动机转子上还没有开展过。

2.2　转子动力特性试验

2.2.1　引言

转子动力特性试验的主要任务是通过试验方法获得特定转速范围的转子系统临界转速、振型、稳态不平衡响应等，为验证和优化转子系统的动力学设计提供可靠依据。转子动力特性试验的主要内容包括临界转速试验、振型试验、稳态不平衡响应试验、弹支-挤压油膜阻尼器动力特性试验等，试验对象包含转子、轴承和支承结构，试验中的转子既可以是真实发动机转子，也可以是能代表真实转子动力特性的模拟转子。

2.2.2　试验方法

1. 临界转速试验方法

临界转速试验方法主要包括以下几种。

振幅峰值法：根据被测转子的频率-振幅曲线中的响应峰值和正协调进动状态来判定转子的临界转速。值得注意的是，当转子系统以加速或减速状态通过临界转速时，转子系统的振动响应峰值所对应的转速可能会存在一定差别，此时，可近似取两者的平均值作为临界转速，或者直接采用加速状态下的振动响应峰值对应的转速作为临界转速。对于阻尼较小的转子系统，振幅峰值法虽然测量精度不高，但简单易行，结果也完全能够满足工程设计要求。

应变测量法：根据转子动力学理论，转子系统从亚临界状态运转到超临界状态后，其质量中心（质心）相位会偏转，过临界时，转子的质心相位会偏转 90°。因此，可以在转子不平衡相位上沿轴线粘贴应变计。亚临界运行时，在不平衡力作用下，应变计受拉应力，产生正应变；超临界运行时，应变计受压应力，产生负应变；而过临界瞬时，应变计不受力，其应变为零。对于阻尼较小的转子系统，过临界时质心偏转现象非常明显，适合采用应变测量法获得质心转向（应变为零）时的转速，该转速即为转子系统的临界转速。

滞后相位角法：转子运转时，其振动响应的相位会滞后于不平衡力的相位，两者的夹角即为滞后相位角。首先，确定试验转子不平衡力的相位；然后，在被试轴表面的不平衡力相位做上标记（粘贴金属薄片）。转子运行时，用非接触（如电涡流）位移传感器测量振动幅值。转子每转一周，金属薄片使测量传感器产生一个脉冲。脉冲信号与振动波形峰值的角度为滞后相位角。转子系统从亚临界状态运转到超临界状态后，其滞后相位角为 180°；过临界瞬时，滞后相位角为 90°。滞后相位角为 90°时所对应的转速即为临界转速。

轴心轨迹法：在转子轴上同一测量截面相互垂直的相位各贴一金属薄片，用涡流式位移测量设备测量转子轴心轨迹波形，会测得两个相差 $\pi/2$ 相位的脉冲。亚临界时，轴心轨迹圆较小，圆上两脉冲波向外；临界时，轴心轨迹圆最大，圆上两脉冲波与轨迹圆近似相切；超临界时，轴心轨迹圆变小，圆上两脉冲波向内。

共振法或锤击法：对于轮盘直径小或盘所在位置轴的转角很小的转子，在旋转过程中，轮盘的回转力矩对临界转速的影响很小。在支承条件基本一致的前提下，其临界转速可通过测量静态下的转子固有频率得到，此时采用共振法或锤击法均简便易行。

三维转速谱图（瀑布图）分析法：利用转速跟踪测振系统测得转子振动的三维转速谱图（瀑布图），由其峰值走向和变化情况，可判断转子的临界转速范围。

2. 振型试验方法

振型通常采用模态试验法获得，可在转子上固定点进行激励，沿转子轴向选取多点拾振,或在转子固定点拾振,沿转子轴向选取多点激励均可得到给定频响范围内的频响函数,从而识别转子的各阶振型。

3. 稳态不平衡响应试验方法

可在转子缓慢加减速过程中,测量转子上某些固定点的不平衡响应随转速的变化曲线;定转速下,可测量转子上不同轴向位置的不平衡响应。在转子不同轴向位置施加相同不平衡量的情况下测量不平衡响应,可确定转子轴向位置对不平衡量的敏感度。

4. 弹支-挤压油膜阻尼器动力特性试验方法

针对不同弹支和挤压油膜阻尼器结构参数,通过测量振动响应,研究分析其动力特性及变化规律。

2.2.3　试验转接段设计

试验转接段设计包括转接段的结构设计、动力学设计和强度校核。

1. 结构设计

试验转接段结构设计的主要要求包括:试验转接段应模拟真实转子的实际安装条件;如果可能,转子与试验设备输出端之间的联轴节可设计成整个传动链的薄弱环节,当出现异常情况时可以起到保护试验设备和试验件的作用;联轴节宜采用柔性连接或浮动轴连接以有效隔离试验设备的振动;联轴节的设计应遵循尺寸小、重量轻的原则;试验转接段应有利于保证试验设备输出端与转子之间的同轴度要求(通常需要使用激光对中仪进行调心);选材合理,尺寸公差和加工精度要求适当;方便布置测试传感器;满足润滑和密封要求,保证供、回油通畅;试验转接段应装拆方便,可达性好,便于检查等。

2. 动力学设计

试验转接段动力学设计的主要要求包括:避免试验转接段的固有振动特性与转子的振动特性耦合;若联轴节采用浮动轴连接,其第一阶固有频率应大于转子的最大工作转速并有 20%以上的裕度;若联轴节采用细长柔性轴刚性连接,其第一阶固有频率应小于转子的第一阶临界转速并有 20%以上的裕度。

3. 强度校核

试验转接段强度校核的主要要求包括:轴承座应有足够的强度;联轴节(如浮动轴、细长柔性轴)的强度应满足设计准则要求,其屈服强度储备系数和极限强度储备系数应分别不小于 1.125 和 1.5。

2.2.4　试验设备和测试仪器

1. 试验设备

转子动力特性试验一般在真空卧式旋转试验器上进行,试验设备主要由动力系统(如主拖电机)、传动系统(增速器、联轴节等)、滑油系统、真空系统、控制系统、测试系统、支承系统等组成。

试验设备应满足以下基本要求:驱动功率大于转子运行到最大转速所需功率并有足够的裕度;转速大于转子的最大转速并有足够的裕度;配备防爆真空系统;具有温度、转速、压力、振动等超限报警功能;动力系统与滑油系统联锁;传动系统采取隔振措施,确保不会对转子动力特性产生实质性影响;基础的固有频率对应的转速应低于转子最低阶临界转速并有 20% 以上的裕度或高于转子最高阶临界转速并有 20% 以上的裕度,以避免基础与转子出现动力学耦合。

2. 测试仪器

转子动力特性试验的测试仪器通常包括振动位移传感器、振动速度传感器、振动加速度传感器、转速/鉴相传感器、数据采集及处理系统、振动分析系统、应变测试系统等。

测试仪器应满足的基本要求包括:工作正常并确保试验数据真实、有效;振动传感器、信号调理器、分析处理软硬件应配套使用。

2.2.5　转子动力特性试验步骤

完成全部准备工作、调试合格后,即可进入正式试验。本节将分别简要介绍转子系统临界转速试验、稳态不平衡响应试验、弹支-挤压油膜阻尼器动力特性试验的试验步骤。

1. 临界转速试验步骤

转子系统临界转速试验步骤主要有:按试验设备操作规程检查各系统,确认其工作正常;转子缓慢升速至某个安全转速(根据振动、弹支应变、轴承温度等限制值确定),记录整个升速过程中的测试参数,然后停车;确认转子系统能否平稳越过临界转速并达到最大转速(如无特殊要求则为额定工作转速),若中间出现过大振动,应及时通过数据分析找出原因并加以解决。一般而言,由不平衡引起的振动,可对转子系统进行低/高速动平衡;否则,可考虑分解后重新装配、安装和调心,以消除过大振动;将转子运行到规定的最大转速,记录整个升速过程中的测试参数,然后停车;根据需要重复开车并按试验设备操作规程停车。

2. 稳态不平衡响应试验步骤

稳态不平衡响应试验步骤主要有:按试验设备操作规程检查各系统,确认其工作正常;确认转子系统能否平稳越过临界转速并达到最大转速,若中间出现过大振动,应及时通过数据分析找出原因并加以解决。一般而言,由不平衡引起的振动可对转子系统进行低/高速动平衡;否则,可考虑分解后重新装配、安装和调心,以消除过大振动。转子缓慢升速到最大转速,记录整个升速过程中的测试参数,然后停车;在转子上的某一轴向位置施加一个已知的不平衡量(所加不平衡量应保证转子能安全运行到最大转速),重复开车并记录定转速下或缓慢过渡态的不平衡响应;改变不平衡量大小或轴向位置,重复开车并记录定转速下或缓慢过渡态的不平衡响应;按试验设备操作规程停车。

3. 弹支-挤压油膜阻尼器动力特性试验步骤

弹支-挤压油膜阻尼器动力特性试验步骤主要有:按试验设备操作规程检查各系统,确认其工作正常;确认转子系统能否平稳越过临界转速并达到最大转速,若中间出现过大振动,应及时通过数据分析找出原因并加以解决。一般而言,由不平衡引起的振动,可对转子系统进行低/高速动平衡,否则,可考虑分解后重新装配、安装和调心,以消除过大振动;将转子缓慢升速至最大转速,记录升速过程中的测试参数,然后停车;根据要求,改变弹支的结构形式、结构参数和/或挤压油膜阻尼器的结构参数、滑油参数、油膜参数等,重复试验;按试验设备操作规程停车。

2.2.6　试验数据处理

转子动力特性试验的主要测量参数包括转速、振动位移、振动速度和振动加速度等,通常采用数据采集系统和/或测试仪器记录试验数据。

试验中,为减小测量偏差,建议在同一试验条件下进行2次以上的重复试验。对于测得的异常数据,应先分析数据异常的原因,然后决定取舍,或者根据数理统计原理进行处理。常用的取舍方法有3σ准则、肖维勒准则、格拉布斯准则等,常用的拟合方法有作图法、平均选点法、最小二乘法等。

试验数据处理完成后应进行误差分析,将测量值与理论值进行比较分析,获得两者的绝对误差和/或相对误差等。

误差来源可从以下几个方面进行分析:

(1)测量设备误差;

(2)测量方法误差;

(3)测量环境误差;

(4)测量人员误差等。

2.2.7　试验分析与评定

1. 试验分析

通过对比试验条件和使用条件,对试验数据的有效性进行分析,给出结论,明确试验是否达到预期目的,并对设计或使用提出建议。

2. 试验评定

当试验对象为真实发动机转子时,应基于不同的试验项目对试验结果分别进行评定:

(1)根据临界转速试验结果,评估转子-支承系统临界转速是否满足设计要求并提出改进建议。

（2）根据稳态不平衡响应试验结果,评估转子-支承系统结构设计是否合理并提出改进建议。

（3）根据弹支-挤压油膜阻尼器动力特性试验结果,评估转子-支承系统阻尼减振设计是否有效并提出改进建议。

当试验对象为模拟转子时,则应结合理论计算结果进行分析,评估模拟转子试验结果能否反映真实发动机转子动力学特性,为转子系统设计提供依据。

2.3　转子高速动平衡试验

2.3.1　引言

航空发动机转子转速非常高,工作过程中极易出现因不平衡导致的过大振动,因此转子装机前必须经过严格平衡。任何转子由于结构不对称、材质不均匀、原材料或毛坯缺陷、加工和安装误差等原因,不可避免地存在偏心,即质量中心偏离转子的名义中心,而且这种偏心是任意的。当偏心量超过一定范围时,将影响发动机的工作可靠性和使用寿命。转子平衡就是通过调整转子的质量分布,使偏心量引起的转子系统振动降低至工程可接受的范围,以达到使发动机平稳运行的目的。其振动模式的特点是,转子不平衡引起的振动,其频率与转速同频,即动载荷与转速平方成正比,并且由于转子质量分布特性的差异,同一型发动机不同转子之间支承所受动载荷也不尽相同。

目前,工程上常用的转子平衡方法主要有低速动平衡和高速动平衡两种,对于最大工作转速明显低于一阶弯曲临界转速的刚性转子,通常采用低速动平衡,最大工作转速高于弯曲临界的柔性转子则多采用高速动平衡。为了进一步明确试验对象究竟采用何种平衡方式,一般可用如下标准进行判断:当转子最大工作转速 ω 与一阶弯曲临界转速 ω_{c1} 之比满足 $\omega/\omega_{c1} < 0.5$ 时,为刚性转子,宜采用低速动平衡; $0.5 \leqslant \omega/\omega_{c1} < 0.7$ 时,为准刚性转子,可参考刚性转子采用低速动平衡; $\omega/\omega_{c1} \geqslant 0.7$ 时,为柔性转子,此时宜采用高速动平衡。当然,有一些柔性转子处于边界附近,也可采用单面平衡、双面平衡、装配前单部件平衡、控制初始不平衡量之后平衡、装配期间分级平衡、最佳平面上平衡等专门方法做低速平衡。

平衡过程中,转子自身的弯曲变形也是一个重要的考虑因素。低速动平衡一般在转子一阶弯曲临界转速的30%以下,此时转子自身的弯曲变形几乎不会影响不平衡量的大小和分布。因此,只要把由不平衡导致的力与力矩降低到许用范围即可,故此种平衡方式又称刚性动平衡。高速动平衡是一个多转速多平面的动平衡过程,其目标是将转子最大工作转速范围内可能出现的 n 阶弯曲振动模式下由不平衡导致的力与力矩均控制到许用范围,故又称柔性动平衡。

刚性转子因不考虑其挠曲变形,所以可以在任意选定的两个校正平面内,通过施加平衡校正量的办法,使不平衡导致的力与力矩达到平衡状态,并且经过平衡的转子在任何工作转速下均能平稳运转,不会出现明显破坏这种力与力矩平衡状态的情况。

柔性转子转速升高到接近一阶弯曲临界转速时,在不平衡力与力矩作用下将产生显著的弯曲变形,即转子的动挠度,而转子的动挠度又将产生附加的力与力矩,这样就破坏了转子原来在低转速下已经实现的平衡状态。由于柔性转子弯曲变形产生了附加的不平衡,刚性转子的平衡理论和方法已不再适用,必须采用柔性转子的平衡理论和方法。

柔性转子平衡理论和方法是在 20 世纪 50 年代末、60 年代初发展起来的。随着航空发动机技术的迅速发展,很多转子的工作转速都超过了其自身弯曲临界转速,给发动机的安全性和可靠性造成了巨大威胁。因此,如何尽可能减小甚至消除柔性转子的振动就成为航空发动机研制过程中一个迫切需要解决的关键问题。

柔性转子要实现力、力矩和振型的平衡,须满足下述条件:

$$
\begin{cases}
\sum_{i=1}^{q} U_i = -\int_0^l U(z)\,\mathrm{d}z \\
\sum_{i=1}^{q} U_i z_i = -\int_0^l U(z)z\,\mathrm{d}z \\
\sum_{i=1}^{q} U_i \phi_n(z_i) = -\int_0^l U(z)\phi_n(z)\,\mathrm{d}z \quad (n = 1, 2, 3, \cdots, N)
\end{cases}
\tag{2.1}
$$

式中: $U(z)$ 为转子沿轴向 z 的原始不平衡分布函数; U_i 为 z_i 轴向位置上的校正质量; $\phi_n(z)$ 为振型函数; l 为 转子的长度; q 为校正质量的个数; n 为需平衡的振型数目。

对于工作转速超过 N 阶弯曲临界转速的转子,其动平衡一般只需满足式(2.1)中的前 $N + 2$ 个方程即可,因此柔性转子的平衡只是一定转速范围内的平衡。为了消除转子前 N 阶弯曲振型,通常依次将转子驱动到相应的弯曲临界转速附近进行转子的动平衡检测和校正。为了满足式(2.1)中的前 $N + 2$ 个方程,需要首先在转子上选取 $N + 2$ 个校正平面,以便施加 $N + 2$ 个校正质量块,因此柔性转子的平衡又是一个多平面的平衡。柔性转子平衡过程中的多转速多平面特点,与刚性转子一个转速两个平面的平衡工艺相比具有本质的区别。此外,高速动平衡之前,柔性转子可以先在其一阶弯曲临界转速的30%转速以下,按刚性转子平衡方法完成低速动平衡,然后再开展高速动平衡试验。

任何转子的不平衡都是以振动响应的形式表现出来的,因此转子的平衡过程

也必然以振动响应为基础,工程上常以下列三个参数之一作为柔性转子不平衡状态的评判参数:

(1)不平衡引起的转子-支承系统振动响应;

(2)作用在轴承上的不平衡载荷;

(3)转子的剩余不平衡量。

柔性转子平衡主要是为了消除不平衡弯曲变形和作用在轴承上的不平衡载荷,以保证转子能够平稳越过各阶弯曲临界转速并且在额定工作转速下的不平衡响应满足规定的平衡精度要求。然而,完全平衡的状态在现实生活中是不可能存在的,因此只需通过平衡使转子的剩余不平衡量减小到许用水平以下即可。同时,不同柔性转子平衡要求也不尽相同,有些转子只要求在部分特定转速下实现平衡,大多数转子则需要在整个工作转速区间,包括弯曲临界转速下,都要实现平衡。高速动平衡是控制柔性转子不平衡响应的重要手段,在航空发动机转子设计,特别是中小型航空发动机柔性转子设计中尤为重要。

柔性转子高速动平衡试验的平衡判定准则如下:

(1)转子动平衡后应能平稳越过各阶弯曲临界转速;

(2)额定工作转速下的转子挠度、支座振动加速度、弹支应变等均不大于规定值。

平衡判定准则规定了试验应达到的精度指标,不同结构形式的转子精度指标存在差异。转轴容易发生弯曲变形的转子(如带细长柔性轴),重点关注转子挠度,不容易发生弯曲变形的转子(如带较大直径轴),重点关注支承动反力。

航空发动机转子高速动平衡试验分为工艺性高速动平衡和研究性高速动平衡。工艺性高速动平衡是指在规定的校正平面,按照相对确定的平衡程序,最终达到规定平衡精度要求的动平衡试验;研究性高速动平衡是指通过试验确定校正平面、平衡程序和平衡精度等的动平衡试验。

2.3.2　试验方法

柔性转子高速动平衡涉及校正平面选取、模态确定、振动测量、试重添加等问题,目前尚无标准的平衡机和平衡工艺来进行柔性转子的高速动平衡。高速动平衡方法主要有振型平衡法和影响系数法。

1. 振型平衡法

振型平衡法又称模态平衡法,其适用条件是转子振型可解耦,即要求转子系统阻尼很小。其基本思想是:将转子的不平衡量按主振型分解成许多不平衡分量,每一分量只能激起转子相应的一个主振型。由低至高,逐阶平衡各模态的不平衡分量后,转子在整个转速范围内也就得到了平衡。振型平衡法又衍生出两种类型:一种是 N 平面法,另一种是 $N+2$ 平面法。

1) 振型平衡的 N 平面法

根据理论分析可知,要平衡转子 N 阶振型下的不平衡量,至少应选择 N 个校正平面(平衡平面),这就是 N 平面理论。要得到平衡校正量,须事先确定转子的前 N 阶振型和初始不平衡量。转子振型可以通过计算方法获得(如有限元法),而初始不平衡量则需通过试验测得。

2) 振型平衡的 $N+2$ 平面法

N 平面法平衡转子第一阶振型需使转子运行在接近一阶弯曲临界转速的状态,但在实际中常常是不可能的。因为当转子还在低速运转时,其支承动反力可能就已经达到比较高的水平,所以需先对转子进行低速下的刚性动平衡。刚性动平衡本身需要 2 个校正平面,加上柔性动平衡需要 N 个校正平面,共计 $N+2$ 个校正平面,故称 $N+2$ 平面法。$N+2$ 平面法不仅要求配重组与已平衡的振型正交,而且不能破坏转子的刚性动平衡状态。

3) N 平面法和 $N+2$ 平面法的讨论

关于柔性转子高速动平衡究竟采用 N 平面法还是 $N+2$ 平面法的问题历来就有争论,而且一度争论得很激烈。直到 1972 年,Kellengerge 提出了对 N 平面法和 $N+2$ 平面法的评论后,两种意见才趋于一致。目前,这两种方法在实际转子平衡的不同场合都会有所应用。从理论上讲,$N+2$ 平面法在平衡转子的各阶振型时,并不破坏已进行的刚性动平衡状态,误差仅由略去了高阶振型引起,因此相对而言,$N+2$ 平面法具有更高的平衡精度。N 平面法误差主要来自两个方面:一是忽略了轴承动反力为零的条件,二是略去了高阶振型。但 N 平面法的优点是所需的校正平面更少,对于一些特殊的旋转机械,如航空发动机转子系统,只有少数几个平面可以用来校正,在不影响平衡精度的前提下,N 平面法无疑是更好的选择。

2. 影响系数法

影响系数法本质上是刚性转子平衡所用的 2 平面影响系数法的直接推广。该方法首先需要在所有平衡转速下的各校正平面依次增加试重,根据各试重诱发的振动测点的响应变化可以得到影响系数矩阵,然后求解线性方程组得到各校正平面上的校正质量。如果振动测点数 M 与校正平面数 N 相等,则可以精确求出各校正平面上的校正质量,如果振动测点数 M 大于校正平面数 N,则可以通过最小二乘法求出所需的校正质量。最小二乘法的物理意义是寻求一组校正质量使各振动测点在所有平衡转速下的残余振动值的平方和最小。

影响系数法和最小二乘影响系数法的校正质量计算公式如下:

$$\{U\} = \begin{cases} -[\bar{A}]\{X\} & (M = N, \ |A| \neq 0) \\ ([\bar{A}]^{\mathrm{T}}[A])^{-1}[\bar{A}]^{\mathrm{T}}\{X\} & (M > N) \end{cases} \tag{2.2}$$

式中:$\{U\}$ 为需加的校正质量;$[A]$ 为影响系数矩阵;$\{X\}$ 为初始振动响应向量;

M 为振动测点数；N 为校正平面数；$[\overline{A}]^{\mathrm{T}}$ 为 $[A]$ 的共轭转置矩阵。

采用影响系数法平衡时，假设转子提供了 N 个校正平面，得到 M 个振动测试值。设第 i 个测点初始振动为 A_{i0}，表示为一个矢量，把已知试重 P_j 置于第 j 个校正平面上，得到一个新的振动 A_{ij}，相应的影响系数按下式计算：

$$a_{ij} = (A_{ij} - A_{i0})/P_j \tag{2.3}$$

若测量误差分别为 ΔA_{i0} 和 ΔA_{ij}，则影响系数为

$$a_{ij} = [(A_{ij} + \Delta A_{ij}) - (A_{i0} + \Delta A_{i0})]/P_j \tag{2.4}$$

为计算这些误差，第二次在校正平面 j 上加试重 P_j^1，得到相应的振动 A_{ij}^1，它的误差为 ΔA_{ij}^1，则影响系数为

$$a_{ij} = [(A_{ij}^1 + \Delta A_{ij}^1) - (A_{i0} + \Delta A_{i0})]/P_j^1 \tag{2.5}$$

通过一系列理论推导可知，只要 $P_j^1 = -P_j$，则 a_{ij} 由校正质量单独决定，即

$$a_{ij} = \frac{A_{ij} - A_{ij}^1}{2P_j} \tag{2.6}$$

因此，在计算影响系数时若要消除测量误差的影响，只需在同一校正平面上取半径相等、角向位置相差 180° 的位置先后两次加同一试重即可。

振型平衡法的优点是起动次数少，高阶振型敏感性高，低阶振型不受影响。缺点是当系统阻尼较大时，在弯曲临界转速附近不易得到振型，并且振型平衡法很难利用计算机进行辅助平衡。影响系数法的优点是可同时平衡几个振型，尤其是对轴系的平衡更为方便，还可利用计算机进行辅助平衡，以实现数据处理的自动化，在测量数较多的情况下可采用最小二乘法，利用测量误差补偿优化影响系数。缺点是平衡起动次数多，高阶振型敏感性低，有时使用非独立平衡面得到的校正量可能不正确。

振型平衡法和影响系数法都是力求把转子的动挠度和支承动反力降到尽可能低的水平，但又都各有特点。振型平衡法主要消除前 N 阶振型下的不平衡分量，N 阶以上的不平衡分量难以消除，但高阶振型下的不平衡分量一般很小，故振动水平仍然可以得到较好的控制。影响系数法只要求在给定的平衡转速下转子各测点的振动为零，但不要求在整个工作转速范围都处于较低的水平，因此前 N 阶不平衡分量不一定都等于零，甚至个别振型下不平衡分量还可能比较大，从而导致明显的共振。

若校正平面和平衡转速都选为 N 个，并且这 N 个平衡转速对应的是转子工作转速范围内的 N 个弯曲临界转速，那么影响系数法与振型平衡法中的 N 平面法可以认为是完全一致的，区别仅在于 N 平面法是逐阶求得振型互相正交的校正质量（共 N 组），影响系数法是一次求得与前 N 阶振型都不正交的一组校正质量。

虽然影响系数法只要求转子是线性系统,与自身模态特性没有关系,但是全面了解转子的模态特性对于选择平衡转速和校正平面的位置、确定校正质量大小和方位都有帮助,因而可以提高影响系数法的效率。

为了充分利用影响系数法和振型平衡法的优点,可采用混合平衡法。该方法综合了振型平衡法和影响系数法的优点,在影响系数法的基础上,充分利用振型平衡法中振型分离的特点来进行平衡,使柔性转子的平衡方法更加完善。

考虑到航空燃气涡轮发动机转子结构复杂,难以得到精度较高的振型,因此推荐使用影响系数法(含最小二乘影响系数法)。特别对于细长柔性转子的高速动平衡试验,经过20多年的成功实践,建议采用"多转速、多平面、分步平衡"的影响系数法,它与传统影响系数法的主要区别:传统的影响系数法要利用所有平衡转速和振动测点的数据进行综合计算,而"多转速、多平面、分步平衡"的影响系数法采取分步平衡各阶弯曲临界转速和额定工作转速下的振动,即先平衡低阶弯曲临界转速,再平衡高阶弯曲临界转速,最后平衡额定工作转速,并且每一步平衡只关注对相应振型有较好平衡效果的校正平面,这样,每一步的平衡只使用一个或两个校正平面即可,简单且高效。

2.3.3 试验转接段设计

试验转接段设计包括转接段的结构设计、动力学设计和强度校核。

1. 结构设计

试验转接段结构设计的主要要求包括:试验转接段设计应尽可能模拟真实转子的实际安装条件;如果可能,转子与试验设备输出端之间的联轴节可设计成整个传动链的薄弱环节,在出现异常情况时起到保护试验件和试验设备的作用;联轴节宜采用柔性或浮动轴连接,以有效隔离试验设备的振动;联轴节的设计应遵循尺寸小、重量轻的原则;试验转接段设计应有利于保证试验设备输出端与转子之间的同轴度要求(通常需要使用激光对中仪进行调心);选材合理,尺寸公差和加工精度要求适当;方便布置测试传感器;满足润滑和密封要求,供、回油通畅;试验转接段应装拆方便,可达性好,便于检查等。

2. 动力学设计

试验转接段动力学设计的主要要求包括:避免试验转接段与转子系统工作时出现耦合共振;若联轴节采用浮动轴连接,其一阶固有频率应大于转子的最大工作转速并有20%以上的裕度,若采用细长柔性轴连接,其一阶固有频率对应的转速应小于转子的一阶临界转速并有20%以上的裕度。

3. 强度校核

试验转接段强度校核的主要要求包括:轴承座应有足够的强度;联轴节(如浮动轴、细长柔性轴)的强度应满足设计准则要求,其屈服强度储备系数和极限强度储备系数应分别不小于 1.125 和 1.5。

2.3.4 试验设备与测试仪器

1. 试验设备

转子高速动平衡试验一般在卧式旋转试验器上进行,通常要求转子安装在真空试验仓内。试验设备主要包括动力系统(如主拖电机)、传动系统(增速器、联轴节等)、滑油系统、真空系统、调速和控制系统、测试系统、支承系统等。

试验设备应满足以下基本要求:驱动功率大于转子运行到最大转速所需功率并有足够的裕度;转速大于转子的最大转速并有足够的裕度;配备防爆真空系统;具有温度、转速、压力、振动等超限报警功能;动力系统与滑油系统联锁;传动系统采取隔振措施,确保不会对转子的动力特性产生实质性影响;在最大转速范围内,基础的自振频率低于转子一阶临界转速的 20% 或高于转子最高阶临界转速的 20%,以防基础与转子的动力学耦合;在有打磨去除材料要求时需配备去材料系统。

2. 测试仪器

测试仪器通常包括振动位移传感器、振动速度传感器、振动加速度传感器、转速/鉴相传感器、数据采集及处理系统、振动分析系统、应变测试系统等。

测试仪器应满足以下基本要求:工作正常并确保试验数据真实、有效;振动传感器、信号调理器、分析处理软件和硬件应配套使用。

2.3.5 高速动平衡试验步骤和平衡要素的确定原则

1. 高速动平衡试验步骤

转子高速动平衡试验推荐采用影响系数法(含最小二乘影响系数法),具体试验步骤如下:

(1) 按试验设备操作规程检查各系统,确认工作正常;

(2) 按要求在转子的若干轴向振动测点布置传感器,假设其数目共有 M 个;

(3) 在转子上选择 N 个校正平面,N 的数目应根据所要满足的要求而定,如转子的最大工作转速已超过 L 个弯曲临界转速,则 N 至少要为 L,即 $N \geqslant L$;

(4) 选择适当的平衡转速 Ω_1,Ω_2,$\cdots$,Ω_V;

(5) 初始状态下,分别测量 V 个平衡转速条件下的 M 个测点的振动值(包括幅值及相对于转子上任意选定的相位参考坐标系的相位角,下同),记第 i 个测点在平衡转速 Ω_h 时的幅值为 $A_{i0}^{(h)}$;

(6) 把已知的试重 m_{T1} 加到校正平面 1 内,使其位于已知半径 r_1 和已知相位角 ψ_1 处;

(7) 再次起动转子,分别测量每个平衡转速下 M 个测点处的振动值,记第 i 个测点在平衡转速 Ω_h 时的振动值为 $A_{i1}^{(h)}$;

（8）将校正平面 1 上的试重取下，并把试重 m_{T2} 加到校正平面 2 内，位于已知半径 r_2 和已知相位角 ψ_2 处，需要指出的是，试重 m_{T2} 的大小、半径 r_2 和相位角 ψ_2 不必与 m_{T1} 的大小、半径 r_1 和相位角 ψ_1 完全相等；

（9）测量在 V 个平衡转速下 M 个测点处的振动值，记第 i 个测点在平衡转速 Ω_h 时的振动值为 $A_{i2}^{(h)}$；

（10）用类似的方法，对 $j = 3，4，\cdots，N$ 平衡校正平面重复上述操作；

（11）计算影响系数 $\alpha_{ij}^{(h)} = \dfrac{A_{ij}^{(h)} - A_{i0}^{(h)}}{m_{Tj} r_j (\cos\psi_j + \mathrm{j}\sin\psi_j)}$（$\mathrm{j} = \sqrt{-1}$），得到影响系数矩阵 $[A]$；

（12）若影响系数矩阵为方矩阵，即振动测量值数目等于校正平面数，可通过影响系数法计算得到一组平衡校正量，若振动测量值数目大于校正平面数，可得到对应最佳平衡效果的一组平衡校正量；

（13）由于操作、测量和计算过程中不可避免地存在各种误差，通常不可能通过一次平衡就能达到要求，往往需要重复进行多次，直到满足要求，重复平衡时，可沿用原有的影响系数；

（14）研究性高速动平衡试验项目还应根据需要改变校正平面、平衡转速等，重复进行平衡操作；

（15）按试验设备操作规程停车。

2. 平衡要素的确定原则

1）测量平面的确定原则

（1）布置测量传感器的可能性。

（2）尽可能测得转子的最大挠度。

（3）通过测量有利于分析转子的振型。

（4）有利于设置校正平面。

2）校正平面的确定原则

（1）用最少的校正平面获得最佳的平衡效果。

（2）有利于去除材料，尽量把要去除的材料分散到各个校正平面上。

（3）各校正平面相互独立，尽量减小各校正平面之间的影响。

3）平衡转速的确定原则

（1）从低转速向高转速逐步进行平衡。

（2）平衡转速尽可能靠近各阶弯曲临界转速。

（3）在额定工作转速下平衡，确保平衡精度。

2.3.6　试验数据处理

转子高速动平衡试验的主要测量参数有转速、振动位移、振动速度和/或振动加速度等(具体以试验要求为准),通常采用数据采集系统和/或测试仪器自动记录试验数据。

对于试验中测得的异常数据,应分析引起偏差的可能原因,然后决定取舍,或者根据数理统计原理进行处理。常用的取舍方法有 3σ 准则、肖维勒准则、格拉布斯准则等,常用的拟合方法有作图法、平均选点法、最小二乘法等。

试验数据处理完成后应对结果进行误差分析,将试验测量值与理论计算值进行比较,得到绝对误差和/或相对误差等。

误差来源可从以下几个方面进行分析:
(1) 测量设备误差。
(2) 测量方法误差。
(3) 测量环境误差。
(4) 测量人员误差等。

2.3.7　试验分析与评定

1. 试验分析

通过对比试验和使用条件,对试验数据的有效性进行分析,给出试验结论。

2. 试验评定

根据试验要求,说明试验是否达到预定目的、给出试验结果是否满足平衡精度要求等明确结论及建议。

参考文献

邓旺群,廖学军,王伟生,等,航空燃气涡轮发动机转子高速动平衡试验方法: HB 20043—2011 [S].北京:中国航空综合技术研究所.

邓旺群,任兴民,2017.高速转子动平衡技术[M].北京:科学出版社.

邓旺群,2006.航空发动机柔性转子动力特性及高速动平衡试验研究[D].南京:南京航空航天大学.

顾家柳,丁奎元,刘启洲,等,1985.转子动力学[M].北京:国防工业出版社.

廖明夫,2015.航空发动机转子动力学[M].西安:西北工业大学出版社.

孟光,2002.转子动力学研究的回顾与展望[J].振动工程学报,15(1):1-9.

王汉英,张再实,徐锡林,1988.转子平衡技术与平衡机[M].北京:机械工业出版社.

钟一谔,何衍宗,王正,等,1987.转子动力学[M].北京:清华大学出版社.

Goodman T P, 1964. A least-squares method for computing balance corrections[J]. Journal of Manufacturing Science & Engineering, 86(3): 273-277.

Kellenberger W, 1972. Should a flexible rotor be balanced in N or ($N+2$) planes?[J].Transactions of ASME, Journal of Engineering for Industry, 94(2): 548-560.

第3章
航空发动机轮盘试验

3.1 概　述

　　轮盘强度与寿命设计是航空发动机结构强度设计中极为重要的关键技术,我国在这方面虽然做了不少工作,但与国外先进水平仍有较大差距。从国内发动机的研制、使用情况看,近年来在役发动机老故障反复发生,新故障接二连三,严重影响飞行安全。同时,在研发动机、预研发动机与核心机研制和研究过程中,多次发生叶盘轴类结构故障。这些故障充分暴露了叶盘类结构强度设计中存在严重影响飞行安全的问题。因此,在试验验证的基础上,建立轮盘强度与寿命设计体系,提高轮盘强度与寿命整体设计水平具有重要的意义。

　　轮盘是发动机的核心旋转构件,其结构强度与寿命是否满足设计要求必须通过试验进行验证,下面对发动机轮盘试验进行简要介绍。

　　轮盘强度试验:发动机上各种轮盘结构——压气机轮盘、涡轮盘、隔圈等,在试车、试飞、定型和取得适航取证之前,应按型号规范或适航性标准要求进行真实轮盘的强度试验。在规范规定的飞行与地面包线(限制载荷状态)内工作时,不得出现有害的永久变形,其瞬时最大变形不得显著影响发动机的功能与性能。轮盘在承受极限载荷,即经受突加外力(即超过一定限制载荷状态)作用时不得发生破坏。

　　轮盘寿命试验:低循环疲劳断裂是物体在循环受载过程中,局部应力应变集中区材料产生塑性变形,随着循环加载的继续,裂纹在这些区域的薄弱点上成核并萌生微裂纹,然后裂纹在塑性区中扩展,逐步形成可检的宏观或工程裂纹后穿过塑性区继续扩张,直至断裂。

3.2　轮盘强度试验

3.2.1　引言

　　为满足转子结构完整性要求,我国国家军用标准(GJB 241A—2010)《航空涡轮喷气和涡轮风扇发动机通用规范》和（GJB 242A—2018）《航空涡轮螺桨和涡轮轴发动机通用规范》以及有关资料等均规定各种轮盘在试飞或定型前应开展超转、破裂等静强度试验。

根据军用发动机研制要求，超转试验可在试验器上进行，也可在整机上进行，但大于发动机最高允许稳态转速 115% 的超转试验只能由试验器来完成。带有真实叶片或模拟叶片的各种轮盘或整个转子在试验器上进行超转试验时，应模拟其最高工作温度条件，并以最高允许稳态转速的 115% 进行。试验后每个轮盘或转子的尺寸必须在允许的范围内且没有即将破坏的迹象。破裂转速试验方面，各国基于已有的经验和发动机技术要求，在设计规范中的标准不尽相同，但都在最高允许稳态转速的 122%~125%。

根据民用航空发动机研制要求，轮盘需进行结构完整性试验。《航空发动机适航规定》（CCAR‐33‐R2）第 33.94 条叶片包容性和转子不平衡试验规定。

（1）除了本条 b）款规定外，除非在下列每一事故后发动机损坏的结果导致自动停车，否则必须通过发动机试验验证：发动机能容许损坏件至少运转 15 s 不着火，并且安装节也不会失效。

① 在以最大允许转速运转期间，最危险的压气机或风扇的一个叶片失效。该叶片失效必须出现在盘上最外层的固定榫槽处；或对于整体叶盘转子，叶片必须至少缺损 80%。

② 在以最大允许转速运转期间，最危险的涡轮叶片失效。该叶片失效必须出现在盘上最外部的固定榫槽处；或对于整体叶盘转子，该叶片必须至少缺损 80%。必须根据涡轮叶片的重量和其邻近的涡轮机匣在与最大允许转速运转相关的温度和压力下的强度确定该最危险的涡轮叶片。

（2）根据台架试验、部件试验或使用经验分析，如果符合下列条件，可以代替本条 a）（1）和 a）（2）规定的发动机试验之一：

① 某一试验（上述规定的两个试验之一）产生的转子不平衡量最小；

② 证明分析等同于上述某一试验。

3.2.2　试验方法

轮盘强度试验一般在立式轮盘试验器上进行，设备的动力头（主拖电机或气涡轮）通过增速器驱动被试验的轮盘旋转，逐级加速到规定转速（超转转速或破裂转速）并至少稳定工作一定时间。对于工作温度较高的压气机轮盘和涡轮盘，应通过电阻炉辐射加温或感应加热器加温等手段，模拟轮盘工作时的温度环境。最理想的状态是能够完全模拟轮盘的真实温度场，但在试验台上这种条件往往难以达到，只能通过加温装置使轮缘或特定部位保持在要求的温度。

试验过程中，一般还需要在规定转速的基础上考虑材料分散度、制造误差等因素带来的影响,对试验转速进行必要的修正。材料分散系数 K_1 是考虑试验件实际拉伸极限与图样技术要求规定的拉伸极限最小值来体现的。制造误差修正系数 K_2 是制造误差对应的轮盘在工作转速下的最大应力与最小应力之比。

$$K_1 = \frac{\sigma_{b试验件}}{\sigma_{b图样规定的最小值}}$$

$$K_2 = \frac{N_{最高破裂转速}}{N_{最低破裂转速}} \tag{3.1}$$

当试验器受条件限制无法加温或达不到要求的温度而只能在常温条件或试验器加温装置所能达到的温度范围内进行试验时,为弥补温差带来的影响,工程上一般采用提高试验转速的方法进行等效。此时,轮盘超转、破裂试验转速可按式(3.2)计算得到:

$$n'' = n' \sqrt{\sigma''_b / \sigma'_b} \tag{3.2}$$

式中:n'' 为试验温度下的等效超转、破裂试验转速;n' 为规定温度下的超转、破裂试验转速;σ''_b 为试验温度下的材料强度极限;σ'_b 为规定温度下的材料强度极限。

显然,式(3.2)忽略了温度梯度带来的热应力以及材料其他力学性能带来的影响,是一种近似的方法,但实践证明,在工程上是行之有效的。此外,按式(3.2)进行等效时,注意轮缘部位应力不宜过高,而且等效试验转速必须低于轮盘的破裂转速。实际上,当轮盘上温度梯度很大时,更可靠的做法是通过有限元法计算等效试验转速。最终得到轮盘的等效试验转速 n 为

$$n = n'' \sqrt{K_1 K_2} \tag{3.3}$$

对民机的结构完整性试验而言,也根据相同方式进行处理,但根据型号研制的具体要求,所处理的数据存在差异,但形式一致。

3.2.3 试验转接段设计

1. 结构设计

轮盘强度试验中,应尽可能模拟真实的安装边界条件,盘体需带上所有的工作叶片或以配重块的形式等效模拟,若条件允许,还应装上与轮盘相邻的鼓筒、轴颈等连接件。此外,可借助有限元分析确认边界条件的准确性。

2. 强度校核

完成结构设计的转接段,应进行强度校核,确认与试验件连接的其他零部件的强度裕度高于试验件的强度裕度。

3. 动力学设计

完成结构设计的转接段,应结合试验器安装条件,进行转子动力特性计算,确

保在试验转速范围内没有危险临界转速,最大工作转速的±20%范围内没有临界转速。

3.2.4　试验设备与测试仪器

轮盘强度试验设备应有足够大的功率维持试验运转;试验器转速不低于最大试验转速;配备真空系统;配备加温系统;具有温度、转速、压力、振动等超限报警功能;主拖系统与滑油系统联锁,为安全运转提供保证。

测试系统必须能稳定、可靠地获得试验分析及设备安全运行所需的数据、信息。轮盘强度试验测试系统包括应力应变测量系统、转速测量系统、温度测量系统。测试参数包括转速、温度、振动位移、振动加速度、真空度、润滑油温度和压力等。

轮盘强度试验通常采用立式轮盘试验器,试验器主要由试验台架、筒盖锁紧装置、机械驱动系统、电力驱动单元、供油系统、真空系统、开关控制系统、安全防爆环组、数字式自动控制系统、爆裂监测系统、计算机控制系统和加热系统等组成。

典型的立式轮盘试验器如图 3.1 所示。

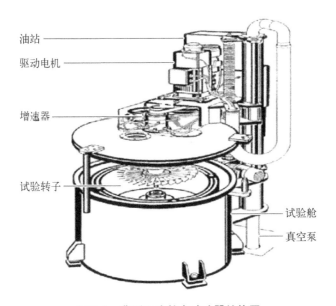

图 3.1　典型立式轮盘试验器结构图

3.2.5　轮盘强度试验步骤

试验转接段按图样要求进行装配和低速动平衡后安装在轮盘试验器上。应确保与试验件相连的转接件满足安装配合与变形协调要求,螺栓连接件的拧紧力矩等与轮盘工作时状态一致。在准备工作完成后即可进入调试。

1. 振动模态试验

完成安装的试验转子在试验器上进行模态试验,确认试验转速范围内不存在有害共振,并验证转子动力学设计满足相关标准要求。根据模态试验及动力学特性结果确认是否可以进行转速调试。

2. 温度场调试

通过调节感应电流或电阻丝电流并用自动温控仪收集不同测点的热电偶信号,根据反馈信号自动调节电流大小以形成所需温度场并保持稳定。温度场调试工作首先在40%最大稳态工作转速下进行,待温度场基本满足要求后,将转速提升至最大稳态,再对温度场进行适当修正。温度场往往需要反复多轮调试,在设定的温度状态保温1~2 h确认满足要求后将调试过程记录下来。目前,工程上常用的温度测量方法主要有近距热电偶及伸缩式热电偶测温、热电偶引电器系统测温、光学测温等。

3. 转速调试

启动试验器并逐级增加转速,转速级差视振动情况而定,直到达到轮盘的最大等效试验转速后至少稳定5 min。

4. 正式试验

待上述试验准备工作全部完成,试验前评审合格后即可进入正式试验。具体试验步骤如下:

(1)按照温度场调试方法建立试验温度场;

(2)逐级增速(一般停留转速为30%n、60%n、80%n、90%n、100%n,直至达到超转转速或者破裂转速,其中,n为最大稳态工作转速)和降速,同时记录温度,超转转速或者破裂转速的波动不得超过±1%,温度波动不得超过±5℃;

(3)试验直至达到实际的超转或破裂转速,并停留到规定时间或直到试验件出现破裂。

3.2.6 轮盘强度试验数据处理

超转试验后可按下式计算残余变形率:

$$\delta_b = \frac{D_{use} - D_{pp}}{D_{use}} \times 100\% \tag{3.4}$$

式中:D_{use}为试验后轮盘中间平面最大外径的实测值;D_{pp}为试验前轮盘中间平面最大外径的实测值。

3.2.7 试验分析与评定

超转试验的合格判定准则是:变形率δ_b小于或等于0.15%且无损探伤,未发现裂纹为合格。

破裂试验的合格判定准则是：被试对象未破裂为合格。

结构完整性试验合格判定准则一般通过计算给出试验件允许变形量，依据具体型号研制需求而定。

3.3　轮盘寿命试验

3.3.1　引言

低循环疲劳是指循环数在 $10^4 \sim 10^6$ 即发生结构破坏的现象，它具有如下典型特征：

（1）循环应力较高，频率较低，每次循环局部会产生一定的塑性变形，故又称作塑性疲劳，此类疲劳破坏性大；

（2）疲劳源一般都出现在应力集中部位，如轮盘中心孔、偏心孔、螺栓和销钉孔、轮缘、榫槽、叶片榫头、叶根、叶缘以及鼓筒连接部位和轴的突变处等，并逐渐形成微裂纹，再慢慢扩展，当超过临界裂纹值时，最终断裂破坏；

（3）热疲劳亦属于低循环疲劳。

低循环疲劳寿命评估中，不能简单采用 $S-N$ 曲线来评定寿命。因为存在低循环疲劳的结构承受的平均应力水平较高，局部塑性变形会随着循环数的递增而不断累积，此时，应力和应变之间不再保持线性关系。

结构低循环疲劳破坏寿命 N_f 包括低循环疲劳寿命 N_σ（又称裂纹形成寿命）和剩余寿命 N_p（又称裂纹扩展寿命）两部分：

$$N_f = N_\sigma + N_p \tag{3.5}$$

当前，世界上公认的轮盘低循环疲劳寿命标准是在要求的条件或实际飞行中进行低循环疲劳试验，当表面有千分之一的概率出现 0.75 mm 长工程裂纹时所经历的循环数或飞行小时数。工程裂纹是指能用无损检测或目视直接发现的最小裂纹长度。工程裂纹标准与检测手段和方法密切相关，不同检测手段和方法对应的工程裂纹标准可能会存在差异。此外，不同公司的工程裂纹定义标准也不一样，如美国 P&W 公司规定，在无损探伤检测和目测情况下，工程裂纹长度为 0.793 8 mm，而英国罗罗公司则规定为 0.15 mm 深、0.5 mm 长的表面裂纹。

采用低循环疲劳试验定寿的方法是将完成规定循环数或刚好产生工程裂纹时的循环数视为轮盘的疲劳寿命，并将其确定为轮盘的批准循环寿命和使用循环寿命。目前，国内标准 Q/8SFGF 20.2004—2003 定义的轮盘低循环疲劳寿命为从开始试验直到破坏或出现一条长裂纹（0.75 mm 表面裂纹）时的试验循环数再除以一个安全系数（一般取 1.5）。

3.3.2　轮盘寿命试验方法

轮盘寿命试验一般在立式轮盘试验器上进行。凡按有限寿命设计的结构,或在高温、高载荷等条件下工作的结构(如轮盘、叶片、机匣和燃烧室等),都可能出现低循环疲劳导致的破坏,因此低循环疲劳试验是航空发动机设计定型或适航取证必须完成的试验。

1. 试验原理

设备动力头(主拖电机或气涡轮)通过增速器驱动试验轮盘,从下限转速逐级加速到上限转速,在上限转速停留 2~5 s。对于工作温度较高的压气机盘和涡轮盘,可通过电阻炉辐射加温或感应加热器加温,使轮盘处于均匀温度场,具体温度按轮盘工作条件下的考核部位温度确定。针对不同的试验状态和使用条件,一般可通过载荷系数 K 来考虑其影响:

$$K = (\sigma_{vig} \times \sigma_{b,st})/(\sigma_{st} \times \sigma_{b,vig}) \tag{3.6}$$

式中: σ_{vig} 为试验器脉动循环的最大应力; σ_{st} 为标准应力循环条件考核部位代表点的最大应力; $\sigma_{b,st}$ 为标准应力循环温度下的材料拉伸极限强度; $\sigma_{b,vig}$ 为试验器温度下的材料拉伸极限强度; σ_{vig}/σ_{st} 为应力比, $\sigma_{b,st}/\sigma_{b,vig}$ 为考虑温度差别时对应力比的修正。

双向及三向应力影响通过强度理论考虑,通常采用米泽斯(Mises)理论中的当量应力,当量应力由(装配应力+离心应力+热应力)确定。一般装配应力不循环,构成标准循环的最小应力,许多轮盘没有装配应力或装配应力可以忽略不计,此时最小应力为零。离心应力和热应力循环变化,与装配应力一起构成标准循环的最大应力。装配应力用于确定疲劳试验方案的装配条件,离心应力和热应力用于确定疲劳试验方案的上限转速。分别给出离心应力和热应力,有助于判断疲劳试验方案的合理性。

有些轮盘关键部位应力受垂直于盘面的轴向载荷或位移影响较大,计算的离心应力和热应力中都有轴向载荷或位移引起的应力,这种情况下应力分析结果还应该给出轮盘的轴向变形,以便制定试验方案时确定如何模拟轴向变形。

为节省时间,试验可以在关键部位存在有限超应力的情况下进行。关键部位超应力的程度,在修正温度影响后,不应导致整体和局部应力或应变状态失去代表性。超应力系数 α 在数值上与载荷系数 K 相等。

DEF STAN 00-971 给出的超应力系数 α 的范围如表 3.1 所示,国内在轮盘低循环疲劳试验中采用的即是该表的值。值得注意的是,除非能证明试验的有效性,否则,镍基合金 α 大于 1.14,钢和钛合金 α 大于 1.3,或所有材料 α 小于 1.00 的情况都应该避免。

表 3.1　超应力系数 α

材料（锻件）	α
钢	0.9~1.3
钛合金	0.9~1.3
镍基合金	0.9~1.14

对中心孔部位，罗罗公司常取超应力系数 $\alpha = 1.10 \sim 1.15$，有时也按中心孔应力等于 $\sigma_{0.1}$ 确定疲劳试验的上限转速，这么做不只是为了节省时间，同时也能预留一定的安全储备，国内轮盘疲劳试验习惯取 $\alpha = 1.0$ 或稍大于 1.0。根据选定的 α 和试验条件下转速与应力的关系，可求出试验循环的上限转速，试验的下限转速通常取为上限转速的 5%，由此造成的应力误差仅为 σ 试验的 0.25%，可以忽略不计。当试验循环下限转速超过 5% 时，可采用古德曼（Goodman）图进行等效应力转换。最后，根据确定的上限转速，采用应力分析方法，可得到关键部位的应力、试验实际使用的超应力系数 α 以及试验批准的安全寿命 F_{r}（式（3.7））。

试验批准的安全寿命 F_{r}（亦称带系数的试验寿命 F_{r}）是考虑载荷系数、温度系数和寿命分散系数（与试验结果的数量相关）后，由试验循环数 N 确定的计算寿命为

$$F_{\mathrm{r}} = \frac{N\alpha^{5.28}}{Y} \tag{3.7}$$

式中：Y 为寿命分散系数，与试验结果的数量有关。

DEF STAN 00-971 附录 A 和 BCAR-C 的 C3-2 章附录 2 均给出寿命分散系数如表 3.2 所示。

表 3.2　寿命分散系数

试验结果的数量	寿命分散系数 Y		
	用于对数平均寿命 $\overline{N}$ 的系数	用于最小寿命的系数*	用于最大寿命的系数
1	4.0	4.0	4.0
2	3.46	3.07	4.0
3	3.25	2.71	4.0
4	3.13	2.505	4.0

续　表

试验结果的数量	寿命分散系数 Y		
	用于对数平均寿命 $\overline{N}$ 的系数	用于最小寿命的系数*	用于最大寿命的系数
5	3.05	2.365	4.0
10	2.86	2.02	4.0

* 一般不推荐使用。

对于传统材料,以上寿命分散系数国外有多年使用经验。随着超高强度钢和粉末冶金材料的使用,DEF STAN 00－971又提出利用小子样疲劳试验结果判断寿命分散系数是否足够的公式以及散度不够的处理方法。

2. 试验循环数 N 的确定方法

优先推荐用出现一条长裂纹的循环数乘以 2/3 确定 N,通常假设长裂纹就是功能失效,用功能失效的循环数确定的关键部位的安全寿命称为不可延长寿命。如果试验后检验关键部位没有发现裂纹,可假设在下一个循环时出现裂纹确定 N,这种试验结果给出的是可延长的寿命,但仅当 F_r 小于或等于 2/3 的功能失效循环寿命时才能被认可。

3.3.3 试验转接段设计

1. 结构设计

轮盘强寿命试验中,应模拟轮盘的真实边界条件并在被试验的轮盘上装上所有的工作叶片或配重叶块,如果条件允许,还应装上与轮盘相邻的鼓筒、轴颈等连接件。可通过有限元分析确认边界条件处理的正确性,转接段设计定心与轮盘强度试验一致。

2. 强度、寿命校核

完成结构设计的转接段,应进行强度、寿命校核,确认与试验件连接的其他零部件的强度、寿命裕度均高于试验件。

3. 动力学设计

完成结构设计的转接段,应考虑试验器安装条件进行转子动力特性计算,确保在试验转速范围内没有危险的临界转速,最大工作转速的±20%转速范围内没有临界转速。

3.3.4 试验设备与测试仪器

轮盘强度试验主要采用立式轮盘试验器,该试验器要求功率足够驱动试验件运转,转速不应低于最大试验转速,同时应配备真空系统、加温系统,具有温度、转速、压力、振动等超限报警功能,主拖系统要与滑油系统联锁,保证设备安全运转。

测试系统必须保证能够得到试验分析以及设备安全运行所需的数据信息,测试系统必须稳定可靠。轮盘强度试验测试系统包括应力应变测量系统、转速测量系统和温度测量系统等;测试参数包括转速、温度、振动位移、振动加速度、真空度、润滑油温度和压力等。

3.3.5　轮盘寿命试验步骤

试验转接段按图样要求进行装配和低速动平衡后,安装在轮盘试验器上。应确保与试验件相连的转接件安装、配合、变形协调等满足试验要求,特别是螺栓连接件的拧紧力矩等应与轮盘工作时的状态保持一致。在准备工作完成后即可进入调试。

1. 振动模态试验

完成安装的试验件转子通过模态试验确认在试验转速范围内不存在有害模态,同时验证转子动力特性分析结果。基于此,确认是否可以进行接下来的转速调试。

2. 温度场调试

通过改变感应电流或电阻丝电流,用自动温控仪接收不同测点的热电偶信号,自动调节电流,形成所需温度场并保持稳定状态。

3. 转速调试

试验下限转速取上限转速的 5%,或其他尽可能低又能较好地进行重复试验的转速。试验时,在试验上限转速停留 2~5 s,表明上限转速已稳定即可,下限转速则不需要停留。

4. 正式试验

试验准备工作全部完成,试验前评审合格后即进入正式试验。试验步骤如下:

(1) 按温度场调试方法建立试验温度场;

(2) 试验设备驱动轮盘在下限转速—上限转速—下限转速之间循环。

3.3.6　试验数据处理

裂纹出现前或出现常规检测方法可识别的长度不大于 0.75 mm 的裂纹时所达到的试验循环数即为当前试验的有效循环数。

3.3.7　试验分析与评定

轮盘低循环疲劳寿命用试验有效循环数除以 1.5 即可得到。如在出现长裂纹前进行阶段性检查,应将最后一次阶段性检查时的累计循环数与出现长裂纹时的试验循环数除以 1.5 以后的值进行比较,取数值大者作为计算安全寿命的试验循环数。

参考文献

宋兆泓,1987. 发动机寿命研究[M]. 北京:航空工业出版社.

中国民用航空局,1987. 航空发动机适航规定:CCAR - 33 - R2[S]. 北京:中国民用航空局.

中国人民解放军总装备部,2010. 航空涡轮喷气和涡轮风扇发动机通用规范:GJB 241A—2010
　　[S]. 北京:总装备部军标出版发行部.

中国人民解放军总装备部,2018. 航空涡轮螺桨和涡轮轴发动机通用规范:GJB 242A—2018
　　[S]. 北京:总装备部军标出版发行部.

第4章
航空发动机轴类试验

4.1 概　述

发动机轴类零件包括主轴、桨轴等零件,发动机主轴通常是指压气机轴或涡轮轴,是发动机高速旋转工作条件下的主要传力件;而螺旋桨发动机中,桨轴则是传递螺旋桨载荷的主要传力件。轴类零件通常都是发动机中的关键件或重要件,其破坏往往会造成严重后果。发动机研制过程中,需要考虑轴类零件静强度、疲劳、蠕变、刚度等各方面要求,下面对轴类零件的试验进行介绍。

轴类零件屈服强度试验:通过对轴类零件施加屈服强度试验载荷,通常是限制载荷,来验证轴类零件在承受屈服强度试验载荷后是否发生有害的永久变形。

轴类零件极限强度试验:通过对轴类零件施加极限强度试验载荷,通常是限制载荷的1.5倍,来验证轴类零件在承受极限强度试验载荷后是否发生整体破坏。

轴类零件疲劳试验:通过施加轴类零件在工作过程中承受的各种疲劳交变载荷,包括低循环载荷与高循环载荷,来验证轴类零件是否达到疲劳寿命要求。

轴类零件刚度试验:通过对轴类零件施加扭矩、弯矩、轴向力等各种载荷,测量轴类零件产生的挠度、转角等参数,获得轴类零件的刚度以及可能出现的最大变形。

4.2 轴类零件强度试验

4.2.1 引言

发动机主轴工作在高温环境中,主要承受扭转载荷、轴向载荷、弯曲载荷、径向载荷、剪切载荷及其他载荷等,载荷条件非常复杂。扭转载荷是由流经叶片通道的气流切向动量矩变化产生的,它在轴上引起剪应力;轴向载荷是由各级转子叶片前后的静压差、流经各级转子叶片通道的气流动压在轴向的分量以及转子表面各腔的气流轴向静压差产生的,在轴上引起正应力,转子的全部轴向载荷均作用在轴上;弯曲载荷是由转子本身的重力、转子的不平衡力、惯性力、陀螺力矩等产生的,对于不同的飞行状态,该载荷大小也不同,它们在轴上引起弯曲应力;径向载荷由轴本身的离心力、套齿载荷的径向分力及与轴连接盘的离心力产生,它们在轴上引起轴向应力及局部弯曲应力,空气压力也会产生此类载荷,由于它一般都很小,工程上几乎可以忽略不计。除上述主要载荷外,轴类零件还承受着径向剪切载荷、由温度梯度产生的热载荷、轴与其他零件过盈配合产生的预紧载荷以及振动载荷等,这些载荷应根据实际情况给予考虑。

此外,发动机桨轴还需承受 $1P$ 力与 $1P$ 力矩等气动载荷,这些载荷是由螺旋桨上游气流畸变引起的。发动机轴类零件破坏通常会给飞行安全造成严重危害,因此设计过程中应确保其在各种复杂载荷作用下仍能满足静强度要求。

轴类零件强度试验的目的主要如下:

(1) 对发动机轴类零件进行静强度考核,验证其满足静强度设计要求;

(2) 对发动机轴类零件静强度计算结果进行试验验证;

(3) 对轴类零件承载下的应变和变形进行测试。

4.2.2　轴类零件强度试验方法

发动机轴类零件强度试验是在试验器上模拟其真实支承情况,通过施加屈服强度试验载荷和极限强度试验载荷来实现对强度的考核。主轴载荷中的轴向力、弯矩等一般通过主轴轴承施加,扭矩载荷则通过发动机花键等部位施加。为尽可能准确地得到主轴的强度特性,试验件上台试验前应首先满足下述要求:

(1) 试验件应是从一批零件中任意抽取的有代表性的一件;

(2) 试验件应是尺寸检验和裂纹检验合格的零件;

(3) 试验件材料应与发动机零件材料相同,不得使用替代材料;

(4) 试验件可以是做过其他静力和疲劳试验或使用过的旧零件,但必须确保零件经受过的载荷小于试验载荷;

(5) 试验件力学性能数据和各项检验报告单,以及为满足试验边界条件模拟所需的发动机相关件及其装配要求等必须齐全。这里的试验件力学性能主要为试验件材料的实测拉伸强度。

发动机轴类零件强度试验应考虑温度场的影响,确保考核更接近真实工况。若受条件所限只能在常温下进行试验,则需按照工作温度与室温下材料屈服强度和极限强度的差异对试验载荷进行换算。

轴类零件静强度考核一般包括屈服强度试验与极限强度试验两方面内容。

1. 屈服强度试验载荷 P_s 的确定

$$P_s = f_p K_{tp} K_{mp} F_s \tag{4.1}$$

式中：f_p 为屈服安全系数，一般取 1.0；K_{tp} 为屈服强度试验温度系数；K_{mp} 为屈服强度试验材料修正系数；F_s 为限制载荷。

试验通常按部件的最高工作温度来确定屈服强度试验温度系数 K_{tp}，并据此调整试验载荷。

$$K_{tp} = \frac{\sigma_{0.2T}}{\sigma_{0.2W}} \tag{4.2}$$

式中：$\sigma_{0.2T}$ 为试验温度下材料的屈服强度；$\sigma_{0.2W}$ 为工作温度下材料的屈服强度。

按照试验件的材料实测屈服强度与技术要求规定的最低屈服强度来调整试验载荷：

$$K_{mp} = \frac{\sigma_{0.2\text{实测值}}}{\sigma_{0.2\min}}$$

式中：$\sigma_{0.2\text{实测值}}$ 为试验件的材料实测屈服强度值；$\sigma_{0.2\min}$ 为技术要求规定的材料最低屈服强度值。

限制载荷 F_s 取发动机极限飞行速度和飞机机动飞行包线内所有正常飞行状态下的最大工作载荷。

2. 极限强度试验载荷 P_b 的确定

$$P_b = f_u K_{tu} K_{mu} F_b \tag{4.3}$$

式中：f_u 为极限安全系数（正常飞行状态 $f_u = 1.5$，强迫着陆状态 $f_u = 1.0$）；K_{tu} 为极限强度试验温度系数；F_b 为限制载荷或强迫着陆状态载荷。

试验通常按部件的最高工作温度来确定极限强度试验温度系数 K_{tu}，并据此调整试验载荷。

$$K_{tu} = \frac{\sigma_{bT}}{\sigma_{bW}} \tag{4.4}$$

式中：σ_{bT} 为试验温度下材料拉伸极限强度；σ_{bW} 为工作温度下材料拉伸极限强度。

按照试验件的材料实测拉伸极限强度与技术要求规定的最低拉伸极限强度来调整试验载荷：

$$K_{mu} = \frac{\sigma_{b\text{实测值}}}{\sigma_{b\min}}$$

式中：$\sigma_{b\text{实测值}}$ 为试验件的材料实测拉伸极限强度值；$\sigma_{b\min}$ 为技术要求规定的最低

拉伸极限强度值。

极限载荷 F_1 取发动机极限飞行速度和飞机机动飞行包线内所有正常飞行状态下的最大工作载荷(此时安全系数取 1.5),以及相关规范规定的发动机故障或结构损坏(如压气机卡住)造成发动机突然停车所产生的限制扭矩等意外状态下的载荷。

4.2.3 试验转接段设计

试验转接段设计中需特别关注对试验的边界条件进行模拟,同时也需要考虑转接段自身的强度,具体的设计要素如下。

(1)设计试验方案时应尽量模拟轴类零件在发动机上的支承条件、安装方式、配合要求、各种载荷传力路径、变形协调要求等,还应模拟轴类零件在发动机上的约束状态,其支承方式和传力路径应与发动机工作状态保持一致。

(2)弯矩载荷沿轴的长度方向是变化的。为了模拟轴的弯矩图和支点附近的应力情况,应采用实际的转子支承,但完全模拟弯矩图有时是比较困难的,也没有必要,一般做法是保证危险截面的弯矩值达到要求,其他截面的弯矩值接近弯矩图要求,载荷误差控制在±5%以内即可。

(3)固定在轴上的封严环、轴承内圈等应作为陪试件按实际情况安装在轴上。与被试轴相连的花键套齿、联轴器、连接螺栓等作为陪试件,应尽量采用发动机装机零件或由装机零件改制。若确需重新设计加工,则连接配合部位应尽量按照被试轴的结构尺寸、材料和加工工艺等进行设计。

(4)应保证试验轴承润滑良好,防止提前破坏影响试验结果。

(5)轮盘变形对盘轴连接处的应力常有重要影响,而试验载荷通常通过与轴相连的盘来施加,因此需对盘轴连接部位在离心力、轴向力和弯矩等载荷共同作用下的变形进行分析,重点关注盘轴连接处的刚度和变形协调情况。

(6)在轴类零件上粘贴应变计,组成应变桥,对轴上的弯矩、轴向力、扭矩等载荷进行标定和测量。

4.2.4 试验设备与测试系统

1. 试验设备

试验设备通常包括液压与多路协调加载控制系统和机械安装系统。试验器应能联合施加扭矩、轴向力、振动扭矩和旋转弯矩等四种载荷,具备联合施加高、低循环载荷的能力,能模拟主轴实际支点边界条件。在精准施加考核截面弯矩的条件下,近似模拟主轴的实际弯矩图。试验设备应能满足监控要求,同时具备完善的安全保护设施/措施等。

液压与多通道协调加载控制系统通常包括以下组成部分:

（1）油站,给液压作动器提供高压油;

（2）液压作动器,为载荷执行单元,其额定载荷应与试验载荷匹配,通常,试验载荷的峰值为作动器额定载荷的 30% ~ 80%;

（3）协调加载控制器,为载荷控制单元,能产生和修正载荷的波形、相位和频率,通过调整输入伺服阀电流来控制液压作动器施加的载荷;

（4）力传感器,为载荷反馈单元;

（5）伺服阀,为控制载荷的执行单元;

（6）管路系统,输送液压油;

（7）子站,连接油源,将油源提供的油分成多路,送到液压作动器。

机械安装系统是由平台、承力柱、支架、横梁等组成的安装台架,用于安装试验件和作动筒。

2. 测试系统

测试系统通常包括应变测试系统、载荷测试系统、位移测试系统等。

应变测试系统通常包括应变计与应变测试仪,载荷测试系统通常包括载荷传感器与载荷测量仪器,位移测试系统通常包括位移传感器与位移测试仪器。

测试仪器应能连续采集记录试验过程中的载荷、位移、应变等试验数据,并显示试验过程中的变化曲线,还可实现超限报警等功能。

试验测试系统需要对试验中的载荷、应变、位移等参数进行测试,对各测试参数进行记录与显示,以便及时发现异常情况。

4.2.5 试验流程

试验前,先进行调试加载,分级逐步加载到 40% 试验载荷,每级不大于 10%,完成加载后逐级卸载,每级载荷中采集应变、应力等数据。通过加载卸载,消除安装间隙,确保试验仪器、仪表等设备工作正常。

统计调试加载中采集的应力和应变等数据,与强度计算分析结果进行对比,确认试验状况正常。

1. 屈服强度试验

屈服强度试验包含以下步骤。

（1）正式试验前,分级逐步预加载到 40% 试验载荷,每级不大于 10%,完成加载后逐级卸载,以消除安装间隙,确保相关试验仪器、仪表等工作正常。

（2）正式试验时,分级逐步加载到 100% 屈服强度试验载荷,每级不大于 10%,达到最大载荷后保载不短于 30 s 或按相关规定执行,然后逐级卸载到 0。加载过程中要保持同步协调,加载速度要慢,不能有冲击现象。逐级加载过程中测量应力-应变数据。

（3）试验后,测量试验件相应部位的尺寸,并与试验前进行比较,尺寸检验的部位应是轴的特征尺寸,如长度、直径、同心度等。

（4）对轴零件进行磁力探伤等无损检测。

2. 极限强度试验

极限强度试验包括以下步骤。

（1）正式试验前,分级逐步预加载到40%试验载荷,每级不大于10%,完成预加载后逐级卸载,以消除安装间隙,确保相关试验仪器、仪表等正常工作。

（2）正式试验时,分级逐步加载到100%极限强度试验载荷,每级不大于10%,达到最大载荷后保载不少于1 min,然后逐级卸载到0。加载过程中要保持同步协调,加载速度要慢,不能有冲击现象。

（3）对轴零件进行磁力探伤等无损探伤。

（4）可以测量试验件相应部位的尺寸,为其强度研究提供数据。

4.2.6　试验数据处理

轴类强度试验中的主要测试参数有力、力矩、位移、应变、温度等,试验数据通常由数据采集系统和/或测试仪器自动记录,也可以人工记录。

试验中测得的异常数据,应分析引起偏差的可能原因,然后决定取舍,或者利用数理统计原理进行处理。常用的取舍方法有 3σ 准则、肖维勒准则、格拉布斯准则等,常用的拟合方法有作图法、平均选点法、最小二乘法等。

试验数据处理完成后应进行适当的误差分析,将试验测量值与理论计算值进行比较。产生误差的原因主要如下:

（1）测量设备误差,包括传感器、应变计等本身的测量精度偏差;

（2）测量方法误差,包括载荷实现方法中存在的加载方向误差、位置误差、力臂长度误差等因素;

（3）测量环境误差;

（4）测量人员误差等。

4.2.7　试验分析与评定

1. 屈服强度试验分析与评定

试验件必须能承受屈服载荷而不产生有害的永久变形,通常永久变形不得大于0.1%或不大于相关规定要求。

屈服强度试验中,残余变形指的是总体尺寸在试验前后的变化,而不是应变计测量的试验件局部塑性变形。检验的尺寸应该是试验的总体尺寸,如直径、长度及轴的弯曲、安装边的翘曲等。

可以将试验中测得的应力及变形值与强度计算结果进行对比,分析两者存在差别的原因,并据此对强度计算模型进行修正。

2. 极限强度试验分析与评定

最大试验载荷下达到要求的保载时间后,目视零件未发生整体破坏即认为达到极限强度要求,试验是成功的。完成极限强度试验的零件允许产生永久变形和不会导致整体失效的局部损坏,试验后的零件不要求能够装机继续使用。

4.3　轴类零件疲劳试验

4.3.1　引言

发动机轴类零件承受的载荷比较复杂且一直随飞行科目变化,因此疲劳试验中难以做到对各种载荷进行真实模拟,只能采用等幅循环的方式确保能够涵盖轴类零件的外场使用载荷。同时,需要考虑轴类零件复杂的结构与边界条件,对轴类零件边界条件进行准确模拟,以达到有效考核轴类零件疲劳强度的目的。轴类零件疲劳试验一般有如下目的:

(1)考核疲劳寿命是否满足设计要求;

(2)发动机改进改型及工艺更新时验证疲劳寿命;

(3)针对各类故障查找故障原因;

(4)研究裂纹扩展速率,确定剩余寿命及疲劳强度储备;

(5)暴露薄弱部位,为设计提供更改依据,获得重量轻又满足设计要求的合理结构;

(6)验证理论计算,发展和完善计算方法。

4.3.2　试验方法

发动机轴类零件疲劳试验是通过模拟发动机中的真实支承状况,并施加相应的低循环疲劳载荷和/或高循环疲劳载荷来实现对轴类零件的考核。轴类零件工作过程中需承受扭矩、气动轴向力、陀螺力矩、转子惯性力、1P 载荷等,受载条件异常复杂。其中工作扭矩、气动轴向力为典型的低循环载荷。陀螺力矩、惯性力与 1P 载荷形成绕轴的旋转弯矩与横向力,为高循环载荷。轴类零件在工作过程中工作扭矩会有波动,形成振动扭矩,为高循环载荷。振动扭矩与旋转弯矩这两类高循环载荷一般没有直接关联,试验过程中可设置加载频率差,以避免同频而导致考核强度过大。轴向力、陀螺力矩等载荷一般通过支承位置施加,扭矩载荷则通过花键等部位传递。

轴类零件最终的安全疲劳寿命可以通过引入应力分散系数对试验获得的疲劳载荷循环数进行适当修正后得到。低循环疲劳试验应完成设计规定的循环数,高循环疲劳试验应达到试验件材料的无限寿命循环数。其中,试验件的具体要求如下:

（1）试验件应是从一批零件中任意抽取的有代表性的一件；

（2）试验件必须经过尺寸检验、无损探伤、形位公差及表面状态检查后确认是符合设计图样要求的合格零件；

（3）进行过疲劳试验或试验载荷超过规定值的静力试验以及使用过的旧零件，不能用来作为疲劳强度考核试验的试验件（对于已有疲劳寿命的旧零件，可用作延寿试验）；

（4）试验件力学性能数据和各项检验报告单，以及为满足试验边界条件模拟所需的发动机相关件及其装配要求等必须齐全。这里的试验件力学性能主要为试验件材料的实测拉伸强度。

发动机轴类零件疲劳试验应考虑温度的影响，在模拟真实温度场条件下进行疲劳试验可以确保考核结果更为可靠。试验时，优先考虑在工作温度条件下进行，如果受条件限制只能在常温下进行，应按常温与工作温度下的材料强度极限对载荷进行换算。

1. 标准循环载荷

标准循环载荷需要考虑轴向力、扭矩、弯矩等所有高、低循环载荷的综合加载。因弯、扭引起的疲劳破坏并不在轴类零件的同一部位，所以经过具体分析后也可以用不同标准循环对同一轴的不同部位分别进行试验考核。

影响轴类零件疲劳寿命的载荷主要有工作扭矩 M_T、振动扭矩 ΔM_T、轴向力 P、旋转弯矩 M_b，标准循环载荷即由这些载荷组成。试验中，低循环载荷 (M_T, P) 将同步从零到最大再回到零，如此循环往复；高循环载荷 $(\Delta M_T、M_b)$ 按正弦规律变化，其目标循环数 (N_{HC}) 应不少于 10^7 次。如图 4.1 所示。对于旋转弯矩 M_b，根据试验载荷进行分析，考虑其影响大小按需要施加。

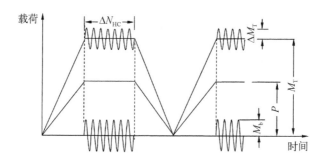

图 4.1　标准循环载荷谱示意图

在每个低循环保载时间内，高循环载荷的循环数 ΔN_{HC} 应满足

$$\Delta N_{HC} \geq \frac{10^7}{N_{LC}} \tag{4.5}$$

　　此外,根据受载情况,还可以制定以扭矩为主要疲劳考核载荷的标准循环(图4.2)和以弯矩为主要疲劳考核载荷的标准循环(图4.3)。

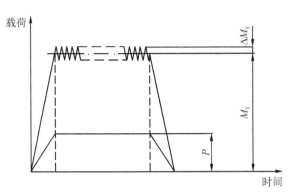

图 4.2　由工作扭矩 M_T、振动扭矩 ΔM_T 和
轴向力 P 组成的标准循环载荷

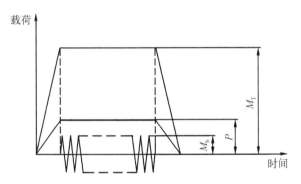

图 4.3　由工作扭矩 M_T、轴向力 P 和
旋转弯矩 M_b 组成的标准循环

　　上述标准循环中各载荷分量如下所述。

　　扭矩与轴向力:循环载荷从零到最大工作扭矩和最大轴向力再回到零的循环,为低循环载荷。最大工作扭矩和最大轴向力是指正常工作中最大扭矩状态的扭矩 M_T 和轴向力 P,同时考虑该状态下的工作温度 T,扭矩、轴向力和温度通常由计算确定。

　　振动扭矩:轴类零件工作过程中,扭矩是不稳定的,会出现振荡,其交变部分称为振动扭矩,为高循环载荷。标准循环中原则上取实测值,如果没有实测值,则按不小于±5%最大稳态扭矩来确定,通常取最大工作扭矩 M_T 的±10%。

　　弯矩:飞机起飞、机动和着陆时,其惯性力和陀螺力矩在轴类零件上产生弯矩,该弯矩载荷按适航规定要求确定,其中的横向惯性载荷也会在轴类零件上产生弯矩,这些弯矩载荷随轴类零件的旋转会产生交变应力。

2. 疲劳试验载荷系数

疲劳试验载荷由标准循环载荷乘以应力分散系数得到,具体见式(4.6)和式(4.7):

$$F_{\text{LCF}} = K_1 \cdot K_2 \cdot K_3 \cdot F_{\text{ST,LCF}} \tag{4.6}$$

$$F_{\text{HCF}} = K'_1 \cdot K_2 \cdot K_3 \cdot F_{\text{ST,HCF}} \tag{4.7}$$

式中:K_1 和 K'_1 为应力分散系数;K_2 为拉伸极限强度修正系数;K_3 为温度修正系数;F_{LCF} 为低循环载荷;$F_{\text{ST,LCF}}$ 为标准低循环载荷;F_{HCF} 为高循环载荷;$F_{\text{ST,HCF}}$ 为标准高循环载荷。

对于仅施加低循环载荷的轴类零件疲劳试验,可采用寿命分散系数和应力分散系数,同时施加高、低循环两类载荷的试验则推荐使用应力分散系数,应力分散系数是基于大量的材料试验结果确定的。

高、低循环载荷应根据试验目标循环数 N 的不同分别采用不同的应力分散系数 K_1 或 K'_1。轴类零件的载荷循环有两种,一种是零-平均载荷循环(对称循环),另一种是零-最大载荷循环。对于零-平均载荷循环,K_1(或 K'_1)满足式(4.8)~式(4.10):

$$K_1(\text{或 } K'_1) = 1.1, \qquad N \leqslant 10^4 \tag{4.8}$$

$$K_1(\text{或 } K'_1) = 1.1 + 0.3(\lg N - 4), \quad 10^4 < N < 10^5 \tag{4.9}$$

$$K_1(\text{或 } K'_1) = 1.4, \qquad N \geqslant 10^5 \tag{4.10}$$

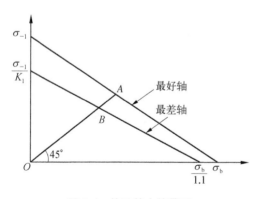

图 4.4　修正的古德曼图

对于零-最大载荷循环,当 $N \leqslant 10^4$ 时,K_1(或 K'_1)仍然满足式(4.8),当 $N > 10^4$ 时,可借助图 4.4 中修正的古德曼图按式(4.11)进行计算。

$$
\begin{aligned}
K_1(\text{或 } K'_1) &= \frac{OA}{OB} \\
&= 1.1 + 0.3(\lg N - 4)\frac{\sigma_b}{\sigma_b + \sigma_{-1}}
\end{aligned}
\tag{4.11}
$$

式中:σ_b 为试件材料的拉伸极限强度,MPa;σ_{-1} 为中值疲劳极限,MPa。

被试轴材料的力学性能一般都高于技术条件规定的最低力学性能,因为试件的力学性能若低于规定的最低值则视为不合格件,为了使疲劳试验结果适用于最低力学性能的轴,一般用拉伸极限强度修正系数 K_2 加大试验载荷,具体按式

(4.12)计算:

$$K_2 = \frac{\sigma_{b被试轴}}{\sigma_{b最低值}} \qquad (4.12)$$

式中:$\sigma_{b被试轴}$为被试轴的实测拉伸极限强度,MPa;$\sigma_{b最低值}$为被试轴图纸要求的最低拉伸极限强度,MPa。

高温下工作的轴类零件在室温下进行疲劳试验时,可用温度修正系数加大试验载荷,以考虑温度引起的材料力学性能下降,温度修正系数 K_3 按式(4.13)计算:

$$K_3 = \frac{\sigma_{b室温}}{\sigma_{b工作温度}} \qquad (4.13)$$

当轴两端温差较大时,使用温度修正系数可能导致轴在某些危险截面超载,为避免超载过大,建议在实际工作温度下进行轴类零件的疲劳试验。

4.3.3　试验转接段设计

转接段设计中需要考虑以下因素。

(1)试验方案设计应尽量模拟轴类零件在发动机上的支承条件、安装方式、配合要求、各种载荷的传力路径、变形协调要求等,确保试验条件与发动机工作状态尽可能保持一致。

(2)弯矩载荷沿轴的长度方向是变化的,为了模拟轴的弯矩图和支点附近的应力情况,应采用实际的转子支承,但完全模拟弯矩图有时比较困难,也没有必要,一般做法是保证包括危险截面的弯矩达到规定值,其他截面的弯矩接近弯矩图要求即可,载荷误差应控制在±5%以内。

(3)固定在轴上的封严环、轴承内圈等应作为陪试件按实际情况安装在轴上;与被试轴连接的花键套齿、联轴器、连接螺栓等作为陪试件,应尽量采用航件或用航件改制,若需重新设计加工,应尽量模拟与被试轴配合部位的结构尺寸、材料和加工工艺等。

(4)应保证试验件支承轴承的润滑,防止轴承提前破坏影响试验结果。

(5)轮盘变形对盘轴连接处的应力有重要影响,而试验载荷通常通过与轴相连的盘来施加,因此试验前应对离心力、轴向力和弯矩等载荷作用下的盘轴连接处的变形进行详细分析,试验时应尽量模拟盘轴连接处的刚度和变形协调情况。

轴类零件上的弯矩载荷通常为旋转弯矩,需要设计专门的旋转弯矩施加方案,常用的方案有载荷合成旋转与加载装置旋转等方式,还有轴旋转方式。

试验转接段设计中除了考虑对试验边界条件的模拟,还应关注转接段自身的强度。

4.3.4　试验设备与测试系统

1. 试验设备

试验设备可以是专用的轴类零件强度试验器,也可以是结构强度试验器,通常包括液压与多路协调加载控制系统与机械安装系统。

试验在能对主轴进行结构强度疲劳试验的试验器上进行。试验器应能够联合施加扭矩、轴向力、振动扭矩和旋转弯矩等四种载荷,具备联合施加高、低循环载荷的能力,能模拟主轴边界条件。在考核截面精确施加弯矩的条件下,近似模拟主轴的实际弯矩图。

试验设备必须是经过验收后的完好设备,能满足试验加载及监控要求,同时具备完善的安全保护设施/措施等。仪器仪表必须在使用有效期内。

液压与多通道协调加载控制系统通常包括以下组成部分:

(1) 油站,给液压作动器提供高压油;

(2) 液压作动器,为载荷执行单元,其额定载荷应与试验载荷匹配,通常试验载荷的峰值为作动器额定载荷的 30%~80%;

(3) 协调加载控制器,为载荷控制单元,能产生和修正载荷的波形、相位及频率,通过调整输入伺服阀电流来控制液压作动器施加的载荷;

(4) 力传感器,为载荷反馈单元;

(5) 伺服阀,为控制载荷的执行单元;

(6) 管路系统,输送液压油;

(7) 子站,连接油源,将油源提供的油分成多路,送到液压作动器;

(8) 试验测试系统需要对试验中的载荷、应变、位移等参数进行测试,在试验过程中能检测各个载荷、应变、位移等参数的峰值、谷值及相位等。

机械安装系统是由平台、承力柱、支架、横梁等组成的安装台架,用于安装试验件和作动筒。

2. 测试系统

测试系统通常包括应变测试系统、载荷测试系统、位移测试系统等。

应变测试系统通常包括应变计与应变测试仪,载荷测试系统通常包括载荷传感器与载荷测量仪器,位移测试系统通常包括位移传感器与位移测试仪器。

测试系统应能连续采集记录试验过程中的载荷、位移、应变等试验数据,并显示试验过程中的数据波形、峰谷值等,还可实现超限报警等功能。

4.3.5　试验程序

轴类疲劳试验通常按以下步骤进行。

(1) 试验前,检查确认所有仪器仪表均在使用有效期内,并贴有合格标签,同时,检查试验件上的测力(力矩)电桥,对相关数据进行处理与误差分析。

（2）按照转接段图样安装试验件。

（3）试验参数的监测记录设置，主要记录以下参数：

① 各加载通道的载荷值；

② 试验件的应变输出值；

③ 循环数。

（4）试验调试。

① 试验前进行单一载荷的加载测试，逐个施加单种载荷，测试主轴上的应变输出，检查应变输出是否正常合理。

② 按疲劳载荷谱设置进行低载调试，调整系统控制参数，使试验系统进入正常工作状态，并记录试验件应变，检查应变输出数据。

③ 综合分析应变情况，确认调试数据正常后可以进入试验加载。

（5）试验及处理。

① 开始疲劳试验加载，并监测相关试验参数。

② 疲劳试验一般分阶段进行，当一个阶段完成后，分解及卸下试验件送去无损探伤检查，若未发现裂纹，则按原来相对位置重新装在试验器上。重新进行试验加载，确认试验监测参数正常后继续进行试验。

③ 当试验循环总次数达到技术要求规定的目标寿命时试验结束，卸下试验件送去无损探伤检查，对于铁磁性材料一般进行磁力探伤检查，其他材料可以采用荧光探伤检查。如果未发现疲劳裂纹，则该轴的疲劳强度满足目标寿命要求。当主轴产生长度为 0.75 mm 的表面线裂纹时，认为该试验件已产生疲劳破坏。

4.3.6　试验数据处理

轴类零件疲劳试验中的主要测试参数有力、力矩、位移、应变、温度等，试验数据通常由数据采集系统和/或测试仪器自动记录。

对于试验中测得的异常数据，应分析可能引起偏差的原因，然后决定取舍，或者根据数理统计原理进行处理。常用的取舍方法有 3σ 准则、肖维勒准则、格拉布斯准则等。

试验数据处理完成后应进行适当的误差分析，将试验测量值与理论计算值进行比较，分析产生差别的可能原因。疲劳试验数据分析中主要考虑各个载荷与应变的峰谷值及转换出来的静态分量和动态分量。误差来源可从以下几方面分析：

（1）设备误差，包括传感器、应变计本身测量精度等因素；

（2）测量方法误差，包括载荷实现方法中的加载方向误差、位置误差、力臂长度误差等因素；

（3）环境误差；

（4）人为误差等。

4.3.7　试验分析与评定

高循环与低循环频率比对复合疲劳寿命有重大影响,因此在全尺寸轴复合疲劳试验时,应保证高、低循环频率比的实现。

轴类试验件通过规定的低循环与高循环疲劳次数考核,试验后检查未发现裂纹或破坏则认为考核通过。疲劳试验中可进行多次无损探伤检查,如果试验中出现裂纹等破坏现象,则有效试验循环数采用最后一次探伤未发现裂纹时的循环数。

参考文献

尹泽勇,2001. 航空发动机设计手册 第 18 册 叶片轮盘及主轴强度分析[M]. 北京:航空工业出版社.

中国人民解放军总装备部,2010. 航空涡轮喷气和涡轮风扇发动机通用规范:GJB 241A—2010[S]. 北京:国防科工委军标出版发行部.

中国人民解放军总装备部,2018. 航空涡轮螺桨和涡轮轴发动机通用规范:GJB 242A—2018[S]. 北京:国防科工委军标出版发行部.

第5章
航空发动机机匣结构件试验

5.1 概　述

发动机机匣是重要的承力结构件,机匣结构件的破坏往往会对发动机的工作造成危害性影响。在发动机机匣的研制过程中,需要考虑机匣结构件的静强度、疲劳寿命、蠕变、刚度等各方面要求,下面对机匣的结构强度试验进行介绍。

机匣结构件屈服强度试验:通过对机匣结构件施加屈服强度试验载荷(通常是限制载荷)来验证是否会发生有害的永久变形。

机匣结构件极限强度试验:通过对机匣结构件施加极限强度试验载荷(通常是限制载荷的 1.5 倍)来验证是否会发生整体破坏。

机匣结构件疲劳试验:通过模拟施加机匣结构件在工作过程中承受的各种疲劳载荷来验证是否达到疲劳寿命要求。

机匣结构件刚度试验:通过对机匣结构件施加扭矩、弯矩、轴向力等各种载荷,测量典型部位产生的变形,从而获得该部位刚度值及可能出现的最大变形。

机匣结构件蠕变试验:通过对机匣施加温度与机械载荷来验证蠕变强度是否满足要求。

机匣结构件应力分布试验:通过对机匣施加载荷,同时对机匣表面进行应力测试,获得机匣结构件在所加载荷下的应力分布情况。

5.2 静强度试验

5.2.1 引言

航空发动机机匣结构复杂,承受温度和各种外部作用力,同时还承受内压以及轴承座传递的机械载荷。这些外部作用力包括惯性力及力矩、飞机通过安装节作用的载荷。螺旋桨发动机还承受桨叶的 $1P$ 力与力矩,以及陀螺力矩等载荷。由此可知,机匣受力情况复杂,数值模拟分析比较困难,需要进行大量的试验研究与验证工作。

根据设计要求的不同,机匣结构件静强度试验要达到的目的也各不相同,一般包括以下内容。

考核性试验:考核零件的强度、稳定性是否满足设计的安全裕度要求。

研究性试验:验证应力、变形及稳定性的理论计算结果,验证新的结构强度计算方法、新的设计结构,研究新材料、新工艺应用的可行性等。

试验结果可作为重要的经验积累,为改进改型设计提供重要的支撑。

5.2.2　试验方法

试验件通过转接段安装到台架上,根据试验技术要求规定的载荷工况,在合适的部位布置相应的液压加载执行机构。由液压油源系统为试验系统提供压力,通过多通道协调加载控制系统来自动控制所加的试验载荷,采用应变测试与分析系统来监测试验件表面各重要部位的应变。通过试验加载测得的数据以及尺寸计量结果来综合考查试验件是否满足设计要求。

因静强度试验要全面考核零件的设计质量、加工质量及材料品质,故试验件应尽可能采用装机实物,但在论证和方案阶段可采用模拟件。试验件必须满足下列要求:

(1) 必须是经过尺寸检验的合格件,焊接件、铸造件均需经过 X 射线检查证明质量合格;

(2) 对于超差零件,经分析认为不影响试验结果或其超差反而有利于提高试验结果可靠度的,仍可作为试验件,但需征得设计部门同意;

(3) 一般情况下,允许采用同一试验件分别进行应力分布试验、刚度试验、强度试验和稳定性试验。

1. 试验温度场的确定

在试验器上试验时,能模拟试验件的真实温度和温度场当然是最理想的,但很多情况下是难以实现的。通常只是通过调节加温装置给试验件的关键部位加温,保证其具有要求的温度。

由于条件限制,试验器没有加温能力或其加温装置不能满足试验件的加温要求时,可以采用将载荷转换到在常温条件下进行试验。

2. 试验载荷的确定

1) 屈服强度试验载荷 P_s 的确定

屈服强度试验载荷 P_s 可由式(5.1)确定:

$$P_s = f_p K_{cp} K_{tp} F_s \tag{5.1}$$

式中:f_p 为屈服安全系数,一般取 1.0;K_{cp} 为屈服强度试验铸件系数;K_{tp} 为屈服强度试验温度系数;F_s 为限制载荷。

K_{cp} 的大小取决于零件的重要性以及材料和被试零件的数量,对于第一类铸件,可参考表 5.1 取值;对于第二类铸件及离心铸造的铸件, $K_{cp} = 1.0$。

表 5.1　第一类铸件屈服强度试验铸件系数 K_{cp} 的参考取值

被试零件数量	轻 合 金	铁基和镍基合金
1	1.2	1.2
3	1.1	—

热端部件的屈服强度试验尽可能在部件的最高温度下进行,此时 $K_{tp} = 1.0$;当试验条件不具备时,可在低于此温度下进行,并按式(5.2)确定温度系数,对试验载荷进行修正。冷端部件的屈服强度试验可在室温下进行,并按部件的最高工作温度确定温度系数,修正试验载荷。

进行屈服强度试验时, K_{tp} 一般不超过 1.2。

$$K_{tp} = \frac{\sigma_{0.2T}}{\sigma_{0.2W}} \qquad (5.2)$$

式中: $\sigma_{0.2T}$ 为试验温度下材料的屈服强度; $\sigma_{0.2W}$ 为工作温度下材料的屈服强度。

限制载荷 F_s 取发动机极限飞行速度和飞机机动飞行包线内所有正常飞行状态下的最大工作载荷。因为所有正常飞行状态都必须满足屈服强度要求,所以对于同一机匣,限制载荷可能有多个,相应的屈服强度试验载荷也有多个。

2) 极限强度试验载荷 P_b 的确定

极限强度试验载荷 P_b 可由式(5.3)确定:

$$P_b = f_u K_{cu} K_{tu} F_b \qquad (5.3)$$

式中: f_u 为极限安全系数(对于所有正常飞行状态, $f_u = 1.5$,或根据具体型号规范执行,如 T700 发动机取 2.0,对于强迫着陆状态, $f_u = 1.0$); K_{cu} 为铸件修正系数; K_{tu} 为极限强度试验温度系数; F_b 为限制载荷或强迫着陆状态载荷,按型号规范要求。

K_{cu} 的大小取决于零件的重要性以及材料和被试零件的数量,对于第一类铸件可参考表 5.2 取值;对于第二类铸件及离心铸造的铸件 $K_{cu} = 1.0$。

表 5.2　第一类铸件极限强度试验铸件修正系数 K_{cu} 的参考取值

被试零件数量	轻 合 金	铁基和镍基合金
1	1.5	1.25
3	1.333	—

热端部件的极限强度试验尽可能在部件的最高温度下进行,此时 $K_{tu} = 1.0$;当试验条件不具备时,可在低于此温度下进行,并按式(5.4)确定温度系数,对试验载荷进行修正。冷端部件的极限强度试验可在室温下进行,并按部件的最高工作温度确定温度系数,修正试验载荷。

极限强度试验时,K_{tu} 一般不应超过 1.2。

$$K_{tu} = \frac{\sigma_{bT}}{\sigma_{bW}} \quad\quad\quad (5.4)$$

式中:σ_{bT} 为试验温度下材料拉伸极限强度;σ_{bW} 为工作温度下材料拉伸极限强度。

限制载荷 F_l 取发动机极限飞行速度和飞机机动飞行包线内所有正常飞行状态下的最大工作载荷(此时安全系数取 1.5)和强迫着陆时(发动机停车)的最大载荷(此时安全系数取 1.0)。

5.2.3　试验转接段设计

机匣结构件静强度试验设计需要保证模拟试验件的边界条件。设计转接段时,应了解该试验件在工作中的支承条件、与相邻零件的连接方式、配合要求、变形协调要求以及拧紧力矩等,试验时,必须尽量模拟上述边界条件。载荷与边界条件的模拟方法如下。

(1) 转接段设计原则。为保证被试机匣的前后边界条件不变,不宜将相邻机匣的载荷直接施加在被试机匣的安装边上。试验时,被试机匣的前后安装边都必须用与原相邻机匣刚性尽量相同的转接段连接。转接段可以是原相邻机匣,也可采用专门设计的工艺机匣。新设计的试验用转接段的壁厚、连接方式以及材料的物理参数均应模拟原机匣。如果原相邻机匣是圆柱薄壳或锥度不大的锥壳,一般情况下,转接段的轴向长度 L 可由式(5.5)计算得到:

$$L > 5\sqrt{Rh} \quad\quad\quad (5.5)$$

式中:R 为转接段壳体半径;h 为其壁厚。

(2) 转接段加载。机匣承受的气体压力一般是沿轴向变化的分布载荷。气流通过静子叶栅时,所产生的周向和轴向分力以扭矩和轴向力的形式作用在机匣上。此外,在机匣安装边处还有相邻机匣传来的气体轴向力和扭矩,以及由轴向力、横向力和弯矩形式作用的惯性力。试验时一般采用液压作动筒或加载杆组件通过转接段将上述载荷施加到机匣安装边,并保证被试机匣在安装边处的外载分布形式与原相邻机匣基本相同。

(3) 集中力加载。通过工艺轴承和加载轴,以集中力的形式将转子上的气动轴向力直接作用在止推轴承的轴承座上,并经辐板传递给机匣。

（4）用高压油或气对机匣施加气体压力。对于冷端机匣,可采用高压油施加气体压力;对于热端机匣,则可采用压缩热空气加压。由于机匣承受的气体压力一般沿轴向是变化的,在试验条件下难以模拟,因此试验时一般采用高压端的压力加压。如果该机匣的低压端加高压后强度不够,则试验压力可分段施加。

（5）试验部门完成转接段设计后,应由技术要求提出方会签确认。

（6）可通过有限元分析确认边界条件处理的正确性。

5.2.4 试验设备与测试系统

1. 试验设备

试验设备主要包括加载设备、测试系统与机械安装系统等。

加载设备的基本要求如下:

（1）具有足够的加载能力;

（2）具有协调多路载荷的能力;

（3）具备参数超限报警等功能;

（4）具有紧急状态下快速卸荷等能力。

机械安装系统主要由平台、承力柱、支架、横梁等组成,用于安装试验件和作动器,以实现对试验件的加载。

2. 测试系统

测试系统主要用于获得试验分析及设备安全运行所需的数据和信息,测试系统必须稳定、可靠。试验测试系统通常包括应变测试系统、载荷测试系统、位移测试系统等。

应变测试系统通常包括应变计与应变测试仪,载荷测试系统通常包括载荷传感器与载荷测量仪器,位移测试系统通常包括位移传感器与位移测试仪器。

测试系统应能够连续采集记录试验过程中的载荷、位移、应变等试验数据,并显示试验过程中的变化曲线,还可实现超限报警等功能。

5.2.5 试验流程

按试验转接段图样要求进行装配,应确保满足与试验件相连的转接件安装、配合、变形协调等方面的要求,以及螺栓连接件的拧紧力矩等与试验件工作时的状态一致。

1. 屈服强度试验

屈服强度试验包括以下步骤。

（1）试验时,先进行预加载,分级逐步预加载到 40% 试验载荷,每级不大于10%,完成预加载后逐级卸载,以消除安装间隙,确保试验相关仪器、仪表等设备工作正常。

（2）正式试验时,分级逐步加载到100%屈服强度试验载荷,每级不大于10%,达到最大载荷后保载时间不短于30 s或按大纲规定,然后逐级卸载到0。加载过程中要保持同步协调,加载时速度要慢,不能有冲击现象。逐级加载过程中采集应力-应变数据。

（3）试验后,测量机匣规定部位的尺寸,并与试验前的尺寸相比较,尺寸检验的部位应是机匣的特征尺寸,如长度、直径、安装边的同心度、平面度等。

（4）对机匣进行无损探伤,对焊接机匣,必须进行X射线检查,以证明其焊缝合格。

2. 极限强度试验

极限强度试验包括以下步骤。

（1）试验时,先进行预加载,分级逐步预加载到40%试验载荷,每级不大于10%,完成预加载后逐级卸载,以消除安装间隙,确保试验相关仪器、仪表等设备工作正常。

（2）正式试验时,分级逐步加载到100%极限强度试验载荷,每级不大于10%,达到最大载荷后保载不少于1 min,然后逐级卸载到0。加载过程中要保持同步协调,加载时速度要慢,不能有冲击现象。

（3）对机匣进行无损探伤,对焊接机匣必须进行X射线检查,以证明其焊缝合格。

（4）可以测量机匣相应部位的尺寸,为机匣强度研究提供数据。

5.2.6　试验数据处理

机匣结构件静强度试验中的主要测试参数有力、力矩、位移、应变、温度等,试验数据通常采用数据采集系统和/或测试仪器自动记录,也可以采用表格等形式人工记录。

试验中测得的异常数据,应分析引起偏差的可能原因,然后决定取舍,或者根据数理统计原理进行处理。常用的取舍方法有3σ准则、肖维勒准则、格拉布斯准则等,常用的拟合方法有作图法、平均选点法、最小二乘法等。

试验数据处理完成后应对数据进行适当的误差分析,将试验测量值与理论计算值进行比较,分析产生误差的可能原因,误差主要来源于以下几个方面:

（1）设备误差,包括传感器、应变计本身测量精度等因素;

（2）测量方法误差,包括施加载荷时的加载方向误差、位置误差、力臂长度误差等因素;

（3）环境误差;

（4）人为误差等。

5.2.7　试验分析与评定

根据应变测量、尺寸计量、无损检测等得到的试验数据,分析试验结果的有效性和正确性,判断其与设计要求的符合性。

1. 屈服强度试验判据

试验件必须能承受屈服载荷而不产生有害的永久变形,通常永久变形不得大于 0.1% 或满足相关规定要求。

屈服强度试验中,残余变形是指试验前后的总体尺寸变化,而不是应变计测量的试验件局部塑性变形。检验的尺寸应该是试验的总体尺寸,如直径、长度及轴的弯曲、安装边的翘曲等。

2. 极限强度试验判据

试验件必须能承受极限载荷而不发生整体破坏。

在最大试验载荷下达到要求的保载时间后,目视观察零件未发生整体破坏即认为达到了极限强度要求,试验成功。通过极限强度试验的零件允许产生永久变形和不会导致整体破坏的局部失效,试验后的零件不要求能够继续装机使用。

3. 压力试验判据

试验件必须能承受 2 倍最大工作压力不发生破裂。

5.3　寿 命 试 验

5.3.1　引言

航空发动机上的机匣结构件是重要的承载零件,其对飞行安全非常重要,因此,需要通过试验验证其疲劳寿命。疲劳寿命试验是指必须满足型号规范要求寿命的考核性试验,需要按照规定的试验载荷谱,完成规定的试验循环数。

发动机机匣结构件低循环疲劳是由飞机周期性的起飞—执勤/巡航—降落带来的,其主要低循环载荷为压力,还包括外部作用力产生的机械载荷等。机匣工作中应能承受发动机飞行包线内的所有低循环疲劳载荷并有足够的寿命。

根据设计要求的不同,机匣寿命试验要达到的目的也不尽相同:

(1) 考核性试验,考核机匣的疲劳寿命是否满足设计要求;

(2) 研究性试验,验证机匣的疲劳强度薄弱部位,研究其破坏模式,得到零件的疲劳强度。

试验结果可作为重要的经验积累,为改进改型设计提供重要的参考依据。

5.3.2　试验方法

机匣试验件通过转接段安装到台架上,根据试验技术要求给出的载荷工况,在特定部位布置液压加载执行机构,通过多通道协调加载控制系统自动控制所加的试验载荷,采用应变测试与分析系统监测试验件表面各主要测点的应变。试验中要密切监测疲劳裂纹是否发生,试验后对试验件进行无损检测,得到试验件的有效循环数等,在此基础上评估试验件的疲劳强度与寿命。

机匣破坏模式试验是对试验件进行疲劳试验考核直至破坏,试验过程中可逐级提载,直至试验件破坏。通过该试验可以获得试验件的破坏模式与疲劳强度,并据此研究零件的关键属性与疲劳寿命。若试验机匣具有爆炸破坏模式,则该机匣具有关键属性。

机匣疲劳强度试验的目的是全面考核机匣的设计、加工质量及材料品质,故试验件应尽可能采用装机实物,当然,论证和方案阶段可采用模拟件。疲劳强度试验的试验件必须满足下列要求:

(1) 试验件必须是经过尺寸检验的合格件,焊接件和铸造件均需通过 X 射线检查以证明质量是合格的;

(2) 做过疲劳试验、试验载荷超过疲劳试验载荷的静力试验以及使用过的机匣零件,不能用来做疲劳试验(延寿试验除外);

(3) 对于超差零件,若分析认为不影响试验结果或其超差反而有利于提高试验结果的可靠度,则这类超差件仍可作为试验件。

1. 试验温度场的确定

试验时,若能准确模拟机匣工作时的真实温度场当然最为理想,但鉴于机匣温度分布非常复杂,很多情况下难以实现,通常只能借助调节加温装置为试验件关键部位加温,确保关键部位温度达到要求。如果受条件限制,试验器完全不具备加温能力或加温装置无法达到试验所需温度,那么可考虑转换到常温条件下进行试验,燃烧室机匣除外。

2. 试验载荷的确定

1) 低循环疲劳试验

低循环疲劳试验一般用于验证零件承受飞机起飞—执勤/巡航—降落载荷循环的能力,但最终零件寿命的确定必须考虑载荷分散系数或寿命分散系数的影响。

2) 高、低循环复合疲劳试验

高、低循环复合疲劳试验载荷可由标准循环载荷进行转化,计算公式如下:

$$低循环疲劳载荷 = K_1 K_2 K_T F_{fL}$$
$$高循环疲劳载荷 = K'_1 K_2 K_T F_{fH} \qquad (5.6)$$

式中: K_1、K'_1 为应力(载荷)分散系数; K_2 为材料力学性能修正系数; K_T 为温度修正系数; F_{fL} 为标准低循环载荷; F_{fH} 为标准高循环载荷。

$$K_2 = \frac{\sigma_{b被试品}}{\sigma_{b最低值}} \qquad (5.7)$$

式中：$\sigma_{b被试品}$为试验件实测拉伸极限强度；$\sigma_{b最低值}$为试验件图纸要求的拉伸极限强度最低值。

$$K_T = \frac{\sigma_{bT}}{\sigma_{bW}} \qquad (5.8)$$

式中：σ_{bT}为试验温度下材料拉伸极限强度；σ_{bW}为工作温度下材料拉伸极限强度。

3）高循环疲劳试验载荷

高循环疲劳试验载荷可根据零件典型工作状态下的疲劳载荷或应力情况，考虑高循环疲劳强度分散系数得到。同时，为了得到机匣的疲劳极限及破坏模式，可以逐级加载，直到试验件破坏。

5.3.3　试验转接段设计

疲劳试验设计需尽量保证试验件边界条件的模拟，特别是转接段设计时，应全面了解试验件在工作中的支承条件，与相邻零件的连接方式、配合要求、变形协调要求以及拧紧力矩等。载荷与边界条件的模拟方法如下。

（1）转接段设计原则。为保证试验件边界条件的合理性，不宜将相邻机匣载荷直接施加于被试机匣安装边，而必须用与原相邻机匣刚性相同或相近的转接段连接，转接段可以是原相邻机匣，也可以是专门设计的工艺机匣。新设计的转接段壁厚、连接方式以及材料力学性能等均应模拟原机匣。如果原相邻机匣是圆柱薄壳或锥度不大的锥壳，则转接段的轴向长度可由式（5.9）计算得到。

$$L > 5\sqrt{Rh} \qquad (5.9)$$

式中：R 为转接段壳体半径；h 为壁厚。

（2）转接段加载。机匣承受的气体压力一般是沿轴向变化的分布载荷。气流通过静子叶栅时产生的周向分力和轴向分力以扭矩和轴向力的形式作用在机匣上。此外，机匣安装边还作用有相邻机匣传来的轴向力和扭矩载荷以及以轴向力、横向力和弯矩形式作用的惯性力。试验中采用液压作动筒或加载杆组件通过转接段施加上述载荷，以保证被试机匣安装边的外载分布形式与工作状态基本相同。

（3）集中力加载。重要的轴承承载部位可采用真实轴承来承担与传递载荷，也可用工艺轴承和加载轴直接在机匣轴承座上施加轴向或横向集中力。其中，轴向力需施加在止推轴承的轴承座上，并经过辐板传到机匣上。

（4）用高压油或气为机匣施加气动压力。对于冷端机匣，一般采用高压油加压，对于热端机匣，则通常采用压缩热空气加压。由于机匣承受的气体压力通常是沿轴向变化的,试验条件下难以模拟,试验时一般选取高压端的压力进行加载。如果机匣的低压端加高压后强度不够,则可分段施加。

（5）可通过有限元分析确认边界条件处理的正确性。

5.3.4　试验设备与测试系统

1. 试验设备

机匣结构件寿命试验设备通常包括加载系统、机械安装系统等,对于需要在高温下进行的机匣寿命试验,还需要配置热态压力循环加载系统。机匣结构件常温试验设备加载系统的基本要求如下:

（1）具有足够的加载能力,对于燃烧室机匣等特殊情况,除常规加载能力外,还要求试验设备具有热态压力循环加载能力,需配置热态压力循环加载系统,包括气体压力循环加载系统与加温系统等;

（2）具有协调多路载荷的能力;

（3）具备参数超限报警功能;

（4）具有突发状态下紧急卸载的能力。

机械安装系统包括安装框架,它由平台、承力柱、支架、横梁等组成,用于安装试验件和作动器。

2. 测试系统

测试系统通常包括应变测试系统、载荷测试系统、位移测试系统等。

应变测试系统通常包括应变计与应变测试仪;载荷测试系统通常包括载荷传感器与载荷测量仪器;位移测试系统通常包括位移传感器与位移测试仪器。

测试仪器应能够连续采集记录试验过程中的载荷、位移、应变等试验数据,并显示试验过程中的数据波形、峰谷值等,还可实现超限报警等功能。

5.3.5　试验流程

按试验转接段图样进行装配,应确保与试验件相连的转接件安装、配合、变形协调等满足试验要求,螺栓连接件的拧紧力矩等与工作状态保持一致。

完成试验安装后,应对试验系统、试验用的仪器仪表及其设置进行检查,确保试验系统及仪器设备处于正常工作状态。

1. 试验调试

1）单载调试

对每个载荷分别进行单载静态调试,采集单载标定下的应变并与强度计算分析结果进行对比,确认加载正确。

2）综合加载调试

施加综合疲劳载荷到40%试验载荷,采集应力-应变等数据。通过调试加载消除安装间隙,确保试验仪器、仪表等设备工作正常。

将调试加载中采集的应力-应变等数据与单载标定结果及强度计算分析结果对比,确认试验状况正常。

2. 正式试验

按设置的试验载荷进行加载,试验中定期对相关紧固件进行力矩检查,以便及时发现紧固件的松动情况,避免出现意外破坏。同时,定期对载荷、应变的上下限进行检查确认,以及时发现试验过程中出现的异常情况。

试验后进行无损探伤,对试验件进行尺寸计量。

5.3.6　试验数据处理

机匣结构件寿命试验中的主要测试参数有力、力矩、位移、应变、温度等,试验数据通常由数据采集系统和/或测试仪器自动记录。试验中测得的异常数据,应分析引起偏差的可能原因,然后决定取舍,或者根据数理统计原理进行处理。常用的取舍方法有 3σ 准则、肖维勒准则、格拉布斯准则等。

寿命试验数据分析时重点关注各个载荷及应变的峰谷值及转换出来的静态分量和动态分量。试验数据处理完后应进行适当的误差分析,将试验测量值与理论计算值进行比较,查找产生误差的原因。误差来源可从以下几方面进行分析:

(1) 设备误差,包括传感器、应变计本身测量精度等因素;

(2) 测量方法误差,包括载荷施加时的加载方向误差、位置误差、力臂长度误差等因素;

(3) 环境误差;

(4) 人为误差等。

5.3.7　试验分析与评定

试验循环总数达到试验技术要求规定的使用寿命时,认为试验可以结束,卸下试验件并进行无损探伤检查,若未发现疲劳裂纹,则认为该机匣的疲劳强度满足使用寿命要求。

机匣结构件疲劳试验中可进行多次无损探伤检查,若试验中出现裂纹等破坏现象,则有效试验循环数采用最后一次探伤未发现裂纹时的循环数。若机匣结构件上产生长度为 0.75 mm 的表面线裂纹则定义该试验件已产生疲劳破坏。

参考文献

张洪飚,2001.航空发动机设计手册 第 17 册 载荷及机匣承力件强度分析[M].北京:航空工业出版社.

中国人民解放军总装备部,2010a.航空涡轮喷气和涡轮风扇发动机通用规范：GJB 241A—2010 ［S］.北京：总装备部军标出版发行部.

中国人民解放军总装备部,2010b.航空涡轮螺桨和涡轮轴发动机通用规范：GJB 242A—2018 ［S］.北京：总装备部军标出版发行部.

第6章
航空发动机叶片试验

6.1 概　　述

在现代航空发动机的生产、研制和使用中,叶片振动故障十分突出。由于叶片造型复杂、工作条件很恶劣,叶片经常会发生各种断裂故障。据统计,国产发动机中因叶片故障返厂检修的台数占检修总台数的35%左右,国外资料也有类似的报道。叶片断裂故障有时会给飞机和发动机造成严重事故。因此,叶片的使用可靠性是一个很重要的问题。随着发动机朝着高性能、轻重量、长寿命的方向发展,这一问题就显得更为突出。

对叶片故障的分析研究表明,产生断裂的主要原因是振动和热应力,使叶片产生振动疲劳和热疲劳,进而导致叶片断裂失效。为此,国内外科研人员在疲劳失效问题方面进行了大量的研究和探索,对疲劳机埋有了较深入的了解,也找到一些预测疲劳失效的准则和估计算法。影响叶片疲劳的因素非常复杂,且难以预估它们的影响程度。因此,不能对疲劳失效做出准确的预测,只能从概率统计的观点进行预估,这已为试验数据的分散性所证实。

为了了解和分析叶片的断裂原因,有效地排除和解决叶片断裂故障,必须从叶片的研究、设计、选材和工艺等方面进行大量的工作。其中,叶片强度试验是重要的一环。通过试验,可以验证故障分析的正确性、叶片设计的合理性和排故措施的有效性。因此,叶片强度试验亦是确定叶片工作安全可靠性的基础。下面对叶片结构强度试验进行介绍。

静态振动特性试验:通过模态试验获得叶片静态下的频率、振型、阻尼比和振动应力分布等。

振动疲劳试验:通过振动台激振获得叶片结构的疲劳强度。

热冲击试验:通过循环加温、冷却的方式考核叶片在循环热载荷下的寿命。

6.2 静态振动特性试验

6.2.1 引言

叶片静态振动特性试验的任务就是要精确而简便地测出叶片振动特性参数,通过对振动特性参数的了解,进一步分析引起叶片振动的原因(如机械、尾流激振、旋转失速或失速颤振)、性质(弯扭或复合振动)和量级(振幅或应力的水平),从而采取措施使叶片避开危险工作状态或减弱振动对叶片的影响,以保证叶片的动强度。叶片静态振动特性试验包括叶片静频及振型试验、叶片振动应力分布及阻尼比试验。

叶片静频及振型试验的目的如下:

(1) 叶片型面加工和静频值合格性的综合检验,以保证批生产的发动机叶片在工作范围内不产生危险共振;

(2) 分析预估叶片可能产生的振动性质,为采取排故措施或安全监视提供依据;

(3) 为叶片的动频试验和疲劳试验提供依据;

(4) 评价理论计算的准确性并最终确定叶片的各阶静频。

叶片振动应力分布及阻尼比试验的目的如下:

(1) 绘制叶片振动应力分布曲线,判断叶片的最大振动应力位置,为台架试车时进行叶片动应力测试提供依据;

(2) 为研究叶片疲劳、查清叶片故障原因做准备;

(3) 评价阻尼比对叶片振动的衰减效果。

6.2.2 试验方法

1. 试验原理

用锤击法做叶片振动模态试验,一次试验可以获得大量信息,经过数据处理,能直接给出叶片多阶振动的模态频率、模态振型、模态阻尼比以及模态质量等参数。因此,模态试验分析是目前叶片振动特性试验的主要方法。模态试验分析的原理如下。

对于实际的发动机叶片,一般属于线性弹性结构。从力学观点出发可以把它离散化为一个具有黏性阻尼的 N 自由度动力系统。其强迫振动的运动方程可用矩阵形式表示为

$$M\ddot{X} + C\dot{X} + KX = P \tag{6.1}$$

式中: M、C 和 K 分别为系统的质量矩阵、阻尼矩阵和刚度矩阵; $\ddot{X}$、$\dot{X}$ 和 X 为系统

在外力 P 激励下的加速度、速度和位移响应向量。

对式(6.1)进行傅里叶变换,得

$$(K - \omega^2 M + j\omega C)X(\omega) = P(\omega) \tag{6.2}$$

由振型分解法原理,可以令频域的位移响应阵列为

$$\overline{X}(\omega) = \Phi q(\omega) \tag{6.3}$$

式中: Φ 为振型矩阵; $q(\omega)$ 为广义坐标列阵。

把式(6.3)代入式(6.2),并左乘转置矩阵 Φ^{T},利用质量矩阵、刚度矩阵和阻尼矩阵与振型矩阵的正交关系,得到

$$\left(\begin{bmatrix} \ddots & & \\ & K & \\ & & \ddots \end{bmatrix} - \omega^2 \begin{bmatrix} \ddots & & \\ & M & \\ & & \ddots \end{bmatrix} + j\omega \begin{bmatrix} \ddots & & \\ & C & \\ & & \ddots \end{bmatrix} \right) q(\omega) = \Phi^{\mathrm{T}} P(\omega)$$

$$\tag{6.4}$$

式中: $\begin{bmatrix} \ddots & & \\ & K & \\ & & \ddots \end{bmatrix}$、$\begin{bmatrix} \ddots & & \\ & M & \\ & & \ddots \end{bmatrix}$ 和 $\begin{bmatrix} \ddots & & \\ & C & \\ & & \ddots \end{bmatrix}$ 为对角矩阵。

整理式(6.4),可以得到广义坐标 $q(\omega)$ 为

$$q(\omega) = \frac{1}{K_j - \omega^2 M_i + j\omega C_i} \Phi^{\mathrm{T}} P(\omega) \tag{6.5}$$

做锤击法试验时,外力为单点激励,所以 $p(\omega)$ 中只有一项。假定在 r 点有一外力 P_r 激振时,得到第 i 阶振动的广义坐标 q_i 为

$$q_i = \frac{\Phi_{ri} P_r}{K_i - \omega^2 M_i + j\omega C_i}$$

因此,叶片上测点(设为 l 点)处的响应(即振动位移) X_l 为

$$X_l = \sum_{i=1}^{n} \frac{\phi_{li} \phi_{ri} P_r}{K_i - \omega^2 M_i + j\omega C_i} \tag{6.6}$$

式中: ϕ_{ri} 表示第 i 阶模态的振型函数在敲击点 r 处的值; ϕ_{li} 表示第 i 阶模态的振型函数在测点 l 处的值。注意: ϕ_{ri}、ϕ_{li} 是经过归一化后的无因次量。

上式表示在 r 点有激振力 P_r 作用时, l 点得到的振动响应。可见,在单点激励时,力 P_r 的响应是各阶模态的叠加。由此,可以得到 r 点激振, l 点测量的跨点导纳 $H_{lr}^{\mathrm{D}}(\omega)$ 为

$$H_{lr}^{\mathrm{D}}(\omega) = \frac{X_l}{p_r} = \sum_{i=1}^{n} \frac{\phi_{li}\phi_{ri}}{K_i - \omega^2 M_i + \mathrm{j}\omega C_i} \tag{6.7}$$

按定义，$H_{lr}^{\mathrm{D}}(\omega)$ 也就是系统的位移传递函数。在实际测量中响应测量多用加速度计，这时加速度传递函数化为

$$H_{lr}^{\mathrm{A}}(\omega) = \frac{-\omega^2 X_l}{p_r} = -\omega^2 H_{lr}^{\mathrm{D}}(\omega) = \sum_{i=1}^{n} \frac{-\omega^2 \phi_{li}\phi_{ri}}{K_i - \omega^2 M_i + \mathrm{j}\omega C_i} \tag{6.8}$$

由于 i 阶固有频率 $\omega_i = \sqrt{\dfrac{K_i}{M_i}}$，令频率比 $\overline{\omega}_i = \dfrac{\omega}{\omega_i}$；模态阻尼比 $\varepsilon_i = \dfrac{C_i}{2\sqrt{M_i K_i}}$，则式(6.7)和式(6.8)可化为无因次表示式：

$$\begin{cases} H_{lr}^{\mathrm{A}}(\omega) = \sum_{i=1}^{n} \dfrac{-\overline{\omega}_i^2 \phi_{li}\phi_{ri}}{M_i(1 - \overline{\omega}_i^2 + 2\mathrm{j}\varepsilon_i \overline{\omega}_i)} \\[4mm] H_{lr}^{\mathrm{D}}(\omega) = \sum_{i=1}^{n} \dfrac{\phi_{li}\phi_{ri}}{K_i(1 - \overline{\omega}_i^2 + 2\mathrm{j}\varepsilon_i \overline{\omega}_i)} \end{cases} \tag{6.9}$$

式中：H_{lr}^{D} 表示位移传递函数；H_{lr}^{A} 表示加速度传递函数。

从理论上讲，传递函数本身包含了模态参数(频率、阻尼、振型等)的全部信息。

对叶片来说，因为阻尼比较小，各阶模态又分得比较开(即模态密度低)，所以在某阶固有频率 ω_i 附近相邻模态的影响是很小的，只有 i 阶模态在起作用。因此，式(6.9)中传递函数实际上只取 i 阶的模态一项计算，误差也不会很大。这时，将传递函数按实部虚部分开输出，对加速度可得

$$H_{lr}^{\mathrm{AR}}(\omega) = \frac{-\overline{\omega}_i^2(1 - \overline{\omega}_i^2)\phi_{li}\phi_{ri}}{M_i[(1 - \overline{\omega}_i^2)^2 + 4\varepsilon_i^2 \overline{\omega}_i^2]}, \quad \text{传递函数实部}$$

$$H_{lr}^{\mathrm{Ae}}(\omega) = \frac{2\varepsilon_i \overline{\omega}_i^2 \phi_{li}\phi_{ri}}{M_i[(1 - \overline{\omega}_i^2)^2 + 4\varepsilon_i^2 \overline{\omega}_i^2]}, \quad \text{传递函数虚部}$$

按上式将传递函数的实部、虚部绘成曲线，如图 6.1 所示。图 6.1 中，f_0 为固有频率，f_1、f_2 为传递函数实部出现峰值(正或负)时的频率，即半功率带宽对应的频率值。

从图 6.1 中可以看出，$H(\omega)$ 模的峰值在相位通过 $-\pi/2$ 时，对应固有频率。它和幅频、相频曲线类似。但是按实部、虚部分开来看更为方便。由于虚部与模的平方成正比例，用虚-频曲线确定共振频率更显得灵敏。实-频曲线的过零点对应共振频率，用它的两个峰值对应的频率 f_1、f_2 代入式(6.10)可以求出模

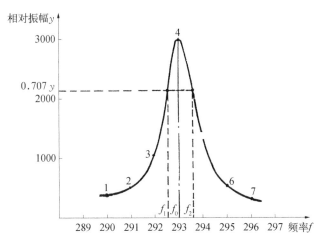

图 6.1　叶片振动频率响应曲线

态阻尼比 ε_i:

$$\varepsilon_i = \frac{1}{2} \frac{(f_1/f_2)^2 - 1}{(f_1/f_2)^2 + 1} \tag{6.10}$$

第 i 阶模态各点传递函数虚部的峰值可简化为

$$H_{l1}^i = \frac{\phi_l \phi_1}{2 M_i \varepsilon_i}$$

表示在 1 点敲击、l 点测量的传递函数虚部峰值。

$$H_{l2}^i = \frac{\phi_l \phi_2}{2 M_i \varepsilon_i}$$

表示在 2 点敲击、l 点测量的传递函数虚部峰值。

因此,第 i 阶固有振型可以通过传递函数虚部之比而得,即

$$\phi_1 : \phi_2 : \phi_3 = H_{l1}^i : H_{l2}^i : H_{l3}^i \tag{6.11}$$

以 H_{lr}^i 中最大值为基础做归一化处理,便得到 i 阶共振的固有振型。

若最大响应点的传递函数为 $H_{lr}^i = \dfrac{\phi_l \phi_r}{2 M_i \varepsilon_i}$,激振点的传递函数为 $H_{ll}^i = \dfrac{\phi_l^2}{2 M_i \varepsilon_i}$,经振型归一化处理后,在最大响应点 $\phi_r = 1$,可得到广义质量为

$$M_i = \frac{H_{li}^i}{2 \varepsilon_i (H_{lr}^i)^2} \tag{6.12}$$

亦可求出广义刚度为

$$K_i = \omega_i^2 M_i \qquad\qquad (6.13)$$

2. 试验方法

使用专用夹具刚性固持叶片根部或整体叶片盘的轴心;利用叶片共振原理,使用非接触式激振器对叶身进行正弦扫频激振,或者利用接触式脉冲敲击宽带激振;在夹具靠近叶片根部处或在叶身上安装微型传感器拾振,获得叶片振动响应信号,进行频谱分析或李沙育示波图形判读,得到叶片静频、振型及阻尼比等静态振动特性参数。

沿叶片长度方向在叶盆面靠进气边和排气边、叶背中间粘贴应变计;当叶片处于某一基本阶共振状态时,可记录每一个应变计的振动应变量及正负值,从而绘出某一阶共振频率下沿叶片长度方向的三条振动应力分布曲线。

1) 叶片静频试验方法

叶片静频的试验方法有激励共振法、脉冲宽带激振法和模态试验法。

激励共振法。使用非接触式声波(或涡流)激振器对叶身进行正弦扫频激振,拾振加速度计信号经放大后接入示波器 Y 轴(激振信号接入示波器 X 轴)和频率计。叶片在可调频率的激振力作用下,产生强迫振动,当激振力频率等于叶片的某一阶固有频率时,振幅将急剧增大,叶片进入共振状态。在共振状态下测量得到的叶片振动频率即为叶片的静频值。

脉冲宽带激振法。利用脉冲信号进行宽带激振,拾振传感器的响应信号接入频谱分析仪进行频谱分析,可快速测量大量的同一种叶片静频。

模态试验法。首先在叶身部分按长度和宽度各分成 m 和 n 等份画线,交点编号作为冲击锤敲击的节点。将该信息输入计算机,利用模态试验软件形成网格图。在叶片敲击点的背面安装加速度计拾振,用带力传感器的冲击锤依次敲击各节点。力信号和拾振信号一一输入计算机进行快速傅里叶变换(fast Fourier transform,FFT)计算,获得传递函数矩阵,经模态试验软件处理,通过拟合识别出各阶模态频率、振型和模态阻尼比。模态频率即叶片静频。

2) 叶片振型试验方法

叶片振型的试验方法有抛砂法、相位法和模态试验法。

抛砂法。当叶片处于某一阶共振状态时,在叶片表面上轻轻撒下拌少许煤油的小粒度细砂子,砂子将聚集在节线附近形成这一阶振型节线。

相位法。在叶片处于某一阶共振状态时,改用专用压电探针作为拾振传感器。当探针在叶身上沿叶片宽度或长度方向缓慢移动时,示波器上李沙育图形从一侧椭圆到水平椭圆再到另一侧椭圆时,水平椭圆处即为叶片共振节线点。连接多个节线点即成为这一阶共振频率的振型。

模态试验法。试验信号经模态试验软件处理,拟合、识别出各阶模态频率、振型和模态阻尼比。叶片模态振型还可在计算机屏幕上进行动画显示,对某一静态振型可以进行打印和数据输出。

3) 叶片振动应力分布试验方法

应变电测法是叶片振动应力分布试验的主要方法。

首先沿叶片长度方向在叶盆面靠进气边和排气边、叶背中间粘贴应变计。应变计引线一根接地,另一根按编号接到一个波段开关上,波段开关输出信号通过电位计电路、经放大后接入电压表和示波器。当叶片处于某一阶共振状态时,依次接通每一个应变计,通过电压表读取振动应变电压值,通过示波器上李沙育椭圆图形朝向(设向左为正、向右为负),记录振动应变量正负值。设最大振动应变电压值为 1,将其他振动应变电压值归一化,按每个应变计的坐标、电压值和正负号,可绘出某一阶共振频率的进气边、排气边和叶背中间等三条振动应力分布曲线。

4) 叶片振动阻尼比试验方法

叶片振动阻尼比的试验方法有自然衰减法、频率响应曲线法和模态试验法。发动机叶片阻尼都比较小,只能得到阻尼比值,即叶片某阶模态阻尼与其临界阻尼之比值 ε。

自然衰减法:叶片振动激励突然停止后,记录叶片振动衰减波形图,第一个波峰与第 n 个波峰之比的自然对数值除以 $2\pi n$,即得到叶片振动阻尼比值 ε。

频率响应曲线法:用正弦慢扫描激振或脉冲宽带激振获得叶片频率响应曲线后,利用半功率带宽法,在每个共振峰的两边 0.707 峰值处有对应的两个频率,将这两个频率的差值除以 2 倍峰值频率值,即得到叶片振动阻尼比值 ε。

模态试验法:按照上述的模态试验分析原理,采用锤击法开展叶片模态试验分析,获得的模态阻尼比即为叶片振动阻尼比值 ε。

5) 扇形静子或导向叶片组件试验方法

扇形静子或导向叶片组件的试验方法有激励共振法、脉冲宽带激振法和振动台激振法。

激励共振法。应用下托板、上压板和两套梯形螺栓将扇形静子或导向叶片组件轻轻压住,用橡皮块塞在组件中叶片之间,只保留边上一个叶片处于自由悬臂状态。使用非接触式声波(或涡流)激振器对叶身进行正弦激振,叶片进入某一阶共振状态后,用压电探针确定叶片振型。依次测出叶片的基本阶振型。

脉冲宽带激振法。同样,应用下托板、上压板和两套梯形螺栓将扇形静子或导向叶片组件轻轻压住,用橡皮块塞在组件中叶片之间,只保留其中一个叶片处于自由悬臂状态。利用脉冲信号进行宽带激振,拾振传感器的响应信号接入频谱分析仪进行频谱分析,可快速测量同一级各叶片的静频。

振动台激振法。设计一种下部为可固定在振动台台面上的圆盘、中心为直径80 mm 的圆管、上部为与台面成45°角的圆盘,四方均布外伸四根直径40 mm 的圆管,将整圈扇形静子或导向叶片组件固持在四根圆管端部。在部分叶片叶身沿径向、外环沿周向粘贴若干应变计,并在某一叶片叶身根部安装微型加速度计。启动振动台,用正弦扫描或宽带随机激励,测量各传感器的响应信号,进行时域或频谱分析,获得组件振动特性数据。

6) 整体叶盘试验方法

整体叶盘的试验方法有激励共振法、脉冲宽带激振法和振动台激振法。

激励共振法。应用试验平台上的梯形槽、穿过整体叶盘中心孔的一套梯形螺栓螺母和圆环形压块,将整体叶盘紧紧压在平台上。用橡皮块塞在整体叶盘的叶片之间,只保留其中一个叶片的叶身处于自由状态。使用非接触式声波激振器对叶身进行正弦扫频激振,叶片进入某一阶共振状态后,用压电探针确定叶片振型。依次测出叶片的各基本阶振型。

脉冲宽带激振法。应用试验平台上的梯形槽、穿过整体叶盘中心孔的一套梯形螺栓螺母和圆环形压块,将整体叶盘紧紧压在平台上。用橡皮块塞在整体叶盘的叶片之间,只保留其中一个叶片的叶身处于自由状态。利用脉冲激励用钢球激振器进行宽带激振,拾振传感器的响应信号接入频谱分析仪进行频谱分析,在已知叶片的各阶静频和振型后,可快速测量同一级各叶片的静频。

振动台激振法。设计一种下部为可固定在振动台台面上的圆盘,中心为直径与整体叶盘中心孔相配的圆柱,上部为螺母和圆环形压块。将整体叶盘固持在振动台台面上。在部分叶片叶身沿径向、轮盘沿周向粘贴若干应变计,相应部位安装微型加速度计。启动振动台,用正弦扫描或宽带随机激励,测量各传感器的响应信号,进行时域或频谱分析,获得叶盘振动特性数据。

6.2.3 试验转接段设计

叶片静态振动特性试验前,根据试验叶片的结构尺寸,设计并加工用于安装固定试验叶片的试验夹具。试验夹具的设计要求主要如下:

(1) 夹具自身的固有频率应高于试验叶片的频率范围;

(2) 试验叶片通过试验夹具安装后应能模拟其实际工作时的约束状态。

6.2.4 试验设备与测试仪器

1. 试验设备

试验设备一般包括固持系统、激振设备和拾振设备。

1) 固持系统

固持系统包括叶片安装夹具和基座。

夹具的夹紧力和结构对叶片静频试验准确度的影响较大。

工作叶片静频试验的条件就是要求其根部固持,而夹紧力的大小要求模拟叶片工作时的固持条件。当整个试验系统不变,仅对叶片逐渐加大夹紧力时,叶片自振频率逐渐升高,而当夹紧力加到某一定值时,叶片自振频率不再升高。这种状态称为叶片根部固持状态。测频时,应控制夹紧力大于此时的夹紧力。对于批生产、检验用的专用夹具,可以用限力扳手或液(气)压操纵系统予以控制。

夹具结构设计的合理性,特别是涡轮工作叶片榫头的榫齿结合面以及夹具本身的加工精度等均会影响静频试验的准确度和静频数值的稳定性。使用经验表明,如果涡轮叶片夹具结构不合理,一方面可能因为压板的刚度不够大,夹紧时会发生变形,不能夹紧叶片;另一方面,也可能夹紧的榫槽部分受夹紧力后也会产生翘曲变形,尽管夹紧力加得很大,而真正传递到叶片榫齿上的压力仍不能使叶片根部处于固持状态,致使测频时频率的差值很大,重复性不好。

夹具固定于基座上,构成固持系统。对固持系统考虑的总原则是结构简单、使用方便,同时应尽量减少或消除固持系统对于叶片静频试验准确度的影响。

目前采用的形式主要有两种。一种形式是使夹具和基座构成的整个系统的自振频率远低于被测叶片的自振频率,低得越多越好。这时,夹具和基座有足够的重量,将其置于刚性很小的隔振弹簧(橡皮或乳胶海绵)上,整个系统的自振频率 f 很低(只有几赫兹),当周围环境有振动的影响和受外激振力振动时,通过基座传递的力(加速度)很小(基于隔振理论),同时由于外界振动干扰力或激振力的频率远大于固持系统的自振频率,故基座的位移也很小,甚至基本上没有位移,故对叶片静频试验的准确度也就没有什么影响。激光全息测振的固持系统即采用这种形式。

另一种形式是使夹具和基座整个系统有足够的刚性和重量,而使夹具和基座的质量与叶片的质量之比越大越好,同时固持系统的自振频率远高于叶片的自振频率。这样,整个系统也基本上处于绝对刚性固持状态,由共振曲线可知,基座即使有位移也是很小的,甚至基本上没有。因此,整个系统对叶片的静频试验准确度也没有什么影响。

2) 激振设备

激振设备是进行振动特性试验时对试验叶片进行激振(激励)的设备。激励方法包括脉冲锤击法、正弦激励法、随机激励法等。激振设备用以产生具有一定能量、频率可变的激振力,以激励叶片产生强迫振动和共振。通常,激振设备由音频信号发生器、功率放大器和激振器组成。

激振器是激振系统的主要组成部分之一。不同的激振方式对叶片静频试验准确度的影响是不同的。激振器分为接触式和非接触式。显然,非接触式激振器对叶片静频是没有影响的,而且一般使用起来也方便。接触式激振器对静频的影响则主要取决于它附加于叶片的刚性和质量。

在叶片静频试验中,应根据激振器输出的激振能量(激振力)、频率响应(可使用的频率范围)、对叶片频率准确度的影响,以及是否简便等因素综合考虑进行选用。

3) 拾振设备

拾振设备,或称拾振器,是进行振动特性试验时对试验叶片的振动响应进行拾取(或受感)的设备。

拾振设备一般包括压电加速度计、振动位移传感器、应变计、力传感器、声学传感器等。

2. 测试仪器

测试仪器是进行振动特性试验时对试验叶片的振动响应进行放大、采集、记录、分析的设备,除模态分析软件系统之外,大部分测试仪器与通常的振动测试设备基本相同。

测试仪器一般包括电荷放大器、振动位移测量仪、应变测量仪、信号调理器、数字示波器、数字信号发生器、激光测振仪、滑环引电器或应变遥测装置、振动模态分析系统、动态信号分析仪以及光学振动测试分析系统等。

6.2.5　试验流程

叶片静态振动特性试验按下述程序进行。

(1) 试验准备。主要包括试验夹具和转接段的设计与加工、计量器具和仪器仪表检定与校准、编写静态振动特性试验大纲、试验叶片的安装、激振设备及拾振传感器的安装等。

(2) 根据试验叶片的几何特征和结构特点建立离散化的节点模型,使模型与试验叶片有几何上的对应关系。

(3) 根据振动特点输入测量信息。对测点设定测量方向,非测点给出其约束方程。

(4) 设置测量通道参数,如电压范围、工程单位、分析频率等。

(5) 进行频响函数的测量。试验人员根据激励信号和响应信号的时域波形和频谱判断测量是否有效。

(6) 将频响函数的幅频数据进行集总平均,目的是得到参数识别的初始估计频率,也可从整体上判断导纳测量的质量。

(7) 进行模态参数识别。在选择数学模型(实模态或复模态)和拟合方法后,程序可根据选取的模态频率初始估计值自动进行参数识别。

(8) 进行模态综合。将测得的模态参数与几何节点模型对应起来。

(9) 进行模态结果的振型动画显示。

（10）分析和检查试验结果的正确性、有效性。

6.2.6 试验数据处理

1. 叶片静频试验

根据叶片静频试验中记录的原始数据，找出同一级叶片同一阶模态频率的最大值、最小值，计算其平均值和频率分散度，分散度即最大值与最小值之差除以其平均值的百分数。同一级叶片频率分散度随制造误差和材料性能分散度而变化，应根据试验数据统计分析提出。美国普拉特·惠特尼（Pratt & Whitney）公司提供的叶片分散度为 3%~5%，20 世纪 70 年代以来国内行业内认为，叶片同一阶模态频率的分散度应小于 8%。

2. 叶片振型试验

用抛砂法或相位法得到叶片表面上的铅笔画出的振型，需要采用计算机辅助设计（computer aided design，CAD）技术测量描画到叶身平面图上并编辑为 Word 图。用模态试验法，可直接得到叶片各阶振型图，并可打印图形数据，或将静态振型图编辑为 Word 图。编辑的 Word 图可以直接插入试验报告中。

3. 叶片振动应力分布试验

根据叶片振动应力分布试验中记录的原始试验数据，计算同一阶静频、每一个应变计输出信号的平均电压。找出各阶静频下的最大电压值并归一化为 1 V，计算同一阶静频下各个应变计输出信号的相对电压值。按每个应变计的坐标、相对电压值和正负号，采用 CAD 技术在同一张坐标纸上绘出某一阶共振频率的三条（进气边、排气边和叶背中线）相对电压，即振动应力沿叶高方向的分布曲线。

4. 叶片振动阻尼比试验

根据叶片振动阻尼比试验中记录的原始试验数据，计算某一阶静频下的叶片振动阻尼比。

5. 扇形静子或导向叶片组件试验

根据扇形静子或导向叶片组件试验中记录的原始试验数据，处理方法与前面"叶片静频试验"相同。

6. 整体叶盘试验

根据整体叶盘试验中记录的原始试验数据，叶片静频数据处理方法与上面"叶片静频试验"相同，叶片振型数据处理方法与上面"叶片振型试验"相同，叶片振动应力分布数据处理方法与上面"叶片振动应力分布试验"相同。叶片-盘耦合振动特性数据则要用振幅-频率曲线来表示。

6.2.7 试验分析与评定

根据试验技术要求和试验目的，对叶片静频与振型、振动应力分布与阻尼试验结果进行分析。

（1）叶片静频。计算各阶静频的分散度，一般情况下整级叶片同一阶振型的静频分散度应小于8%。如有必要，还要计算动频，画出叶片的坎贝尔（Campbell）图。

（2）叶片振型。较精确的振型节线位置，可以校核计算振型节线位置的准确度。同时，对叶片裂断故障原因的分析也十分有用。

（3）叶片振动应力分布。振动应力分布曲线，可以和计算曲线进行对比。同时，对叶片动态振动应力测试十分有用，对叶片故障分析也有参考价值。

（4）叶片振动阻尼比值。用自然衰减法测量衰减率进而换算成振动阻尼比值，测试精度不高，数据重复性较差，只是一种粗略数据。用频率响应曲线法测量振动阻尼比值，测试精度较高，数据重复性较好。用模态试验法测量振动阻尼比值，只是在每阶模态频率峰值附近取出频响函数的有限个数据进行计算，因此受频率分辨力影响较大。

6.3 振动疲劳试验

6.3.1 引言

叶片振动疲劳试验的主要目的是获得叶片的疲劳强度等参数，叶片振动疲劳试验也是分析、排除叶片振动故障的一个重要方法。

1）试验获取叶片的 $S-N$ 曲线

通过叶片振动疲劳试验，获得叶片的 $S-N$ 曲线，得到叶片的中值疲劳寿命等性能参数。为叶片结构设计的选材提供依据及验证结构设计的合理性。测定叶片的疲劳强度与剩余疲劳强度。

2）试验获得叶片的 $P-S-N$ 曲线

通过叶片振动疲劳试验，获得叶片的 $P-S-N$ 曲线，得到试验叶片的中值疲劳寿命和具有存活率 p 的疲劳寿命等性能，对叶片的工作可靠性进行评价。可靠性包含概率指标和寿命指标。

3）对比叶片疲劳性能差异

通过成组对比的叶片振动疲劳试验，比较两种工艺方法或两种设计方法在叶片疲劳性能方面是否存在差异。为叶片断裂故障的分析及排故措施的确定提供有用试验数据。

6.3.2 试验方法

1. 试验原理

航空发动机叶片振动疲劳试验的试验原理是使悬臂固持状态下的试验叶片在第一阶弯曲共振频率下大振幅振动，让试验叶片最危险截面处产生大应力疲劳裂断。激振力由电动振动台提供,活动台面与夹具系统的质量远大于试验叶片的质量,用可调频的电磁激振力激振活动台面,当激振力的频率等于试验叶片的自振频率时,活动台面与夹具基本上不动,而试验叶片可在所要求的振幅下进行恒幅振动。调整功率放大器输出能量的大小来调节试验叶片的振幅,使其保持稳定,直到产生疲劳裂纹。

2. 试验方法

叶片振动疲劳试验的基本方法是:将试验叶片以悬臂状态刚性固持在专用夹具上,夹具又刚性固持在振动台台面上。由振动台激励叶片在第一阶弯曲振型频率下振动,使试验叶片最危险截面处的应力处于要求的应力水平,监测试验叶片上某指定处(如叶片的叶尖端面靠进气边处)的双振幅值,记录从试验开始直到试验叶片出现裂纹的总时间(以秒为单位),乘以振动频率即可得到循环数或中值疲劳寿命。

测量参数是试验叶片最危险截面处的应力。测量方法是在某一试验叶片最危险截面处粘贴应变计,常温下试验叶片处于第一阶弯曲共振时,测量应变值和试验叶片上某指定处(如叶片的叶尖端面靠进气边处)的双振幅值,不同的应变值对应不同的双振幅值,可以得到一条应变值-双振幅值曲线。由于振动疲劳试验在弹性范围内进行,符合胡克定律,即应变值乘以试验叶片弹性模量可得应力值,获得试验叶片应力值-双振幅值曲线,此过程称为标定试验。其他叶片试验时,根据给定的应力值在应力值-双振幅值曲线上查到双振幅值,最后监测该双振幅值。

试验过程中,在试验叶片监测振幅处的振幅达到给定试验振幅的80%时作为试验起始时间,仔细调至给定振幅并保持振幅稳定;当试验叶片的振动频率下降1%~2%(对压气机叶片)或0.5%~1%(对涡轮叶片)时,作为试验叶片产生宏观疲劳裂纹的标志。

叶片振动疲劳试验方法分为测定 $S-N$ 曲线、测定 $P-S-N$ 曲线、升降法测定疲劳极限、对比试验和故障再现试验等。

1) 测定 $S-N$ 曲线

这里指具有50%存活率的 $S-N$ 曲线,属常规试验。对于 $S-N$ 曲线的倾斜段,试验应力水平 σ_i 至少分为3~5级,相邻两应力之比取1.05~1.5,应力值等间隔,每个应力水平取3~5个试验叶片,需符合最少试验叶片数要求;根据每一级应力水平下的一组试验叶片的试验结果进行统计处理可得到其子样平均值 $\overline{x_i}$,用曲线拟合各数据点,可得 $S-N$ 曲线的倾斜段。疲劳极限用升降法测定。

2) 测定曲线

这里指具有某一存活率 P($>50\%$)的曲线,主要用于疲劳设计中对安全寿命的估计。对于 $P-S-N$ 曲线的倾斜段,试验应力水平至少分为3~5级,相邻两应力之比取1.05~1.5,应力值等间隔,每个应力水平取6~8个试验叶片,需符合 $S-N$ 试验最少叶片数要求;根据每一级应力水平下的一组试验叶片的试验结果进行统计处理可以求得其在某一存活率 P（>50%）下的安全寿命 N。将各个应力水平下求得的同一存活率 P 下的安全寿命 N 用曲线拟合各数据点,可作出 $P-S-N$ 曲线的倾斜段。疲劳极限用升降法测定,再用安全寿命规律处理。

3）升降法测定疲劳极限

试验以高于疲劳极限的最高应力级 σ_0 开始,然后逐级（相邻级之间差一个应力增量 d 值）降低。以试验件所用材料的疲劳极限除以结构系数,估算试验件的最高应力级 σ_0。在应力级 σ_0 下试验第一个试验叶片,在未达到指定的循环数（$N=10^7$）之前即发生破坏,称为破坏,则第二个试验叶片应在低一级的应力级 σ_1 下试验。若仍在未达到指定的循环数（$N=10^7$）之前即发生破坏,则第三个试验叶片应在低一级的应力级 σ_2 下试验;反之,若第二个试验叶片在达到指定的循环数（$N=10^7$）之后还未发生破坏,称为越出,则第三个试验叶片应在高一级的应力级 σ_0 下试验。后面的试验依此类推,凡前一个试验叶片破坏,则后一个试验叶片在下一级应力级下试验;凡前一个试验叶片越出,则后一个试验叶片在上一级应力级下试验,直到将全部试验叶片试验完毕。

应力增量 d 值在试验中保持不变。如果已知试验叶片材料的疲劳极限值,可取其 5%~8% 作为 d 值,例如,某钢材的 $\sigma_{-1}=520$ MPa,可取 $d=35$ MPa 或 40 MPa 或凭经验。用 12~15 个试验叶片分 4~5 级进行试验最合适。

升降法还可用来测定任意寿命（如 10^6、10^8 次循环）下的疲劳强度。

4）对比试验

参照试验叶片材料 $S-N$ 曲线的 $2\times10^5 \sim 2\times10^6$ 次循环寿命处的应力水平,或试验叶片上某指定处的双振幅,作为对比试验时的应力水平或双振幅。确保所有试验叶片在相同的应力水平或双振幅下进行试验,并有足够的测量精度。每组试验叶片一般为 6~8 个。根据试验结果,推断它们的母体平均值是否有明显的差异,或者说两个子样是否来自同一母体。

5）故障再现试验

根据故障叶片的断裂形貌特征,进行振型节线与断裂部位对比分析和故障断裂形貌再现试验。故障再现试验参照试验叶片材料 $S-N$ 曲线的 $2\times10^5 \sim 2\times10^6$ 次循环寿命处的应力水平。

6.3.3 试验转接段设计

叶片振动疲劳试验前,需要根据被试叶片的结构尺寸,设计并加工用于安装固定试验叶片的试验夹具。试验夹具的一般设计要求如下:

（1）夹具自身的固有频率应高于被试叶片的试验频率范围;

（2）被试叶片通过试验夹具安装后应能模拟其实际工作时的约束状态,或者满足试验技术要求规定的安装方式。

6.3.4　试验设备与测试仪器

叶片振动疲劳试验的试验设备与测试仪器如图 6.2 所示。

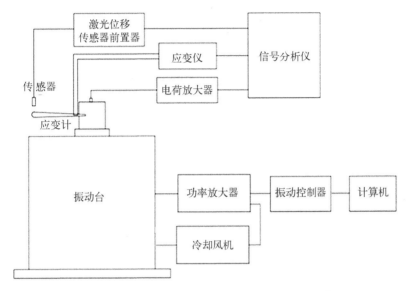

图 6.2　叶片振动疲劳试验的试验设备与测试仪器

1. 试验设备

叶片振动疲劳试验的试验设备主要是激振系统与振动监测系统。要求激振系统具有足够大的激振力,能激起叶片较大振幅的振动,而激振力的大小和频率应能保持恒定,以保证叶片长时间地稳定在某一振型的共振点上做恒幅振动。

通常使用电动振动试验系统进行激振。电动振动试验系统由振动发生器、功率放大器、振动控制仪和计算机及试验软件组成。电动振动试验系统有不同的型号和推力等级,可以按试验实际需要选取。

如果振动疲劳试验须在高温下进行,则试验设备除了激振系统之外,还包含加温装置。常用的加温装置主要包括电阻丝加温器、红外灯管加温器及其温度控制器等。一般根据试验叶片的加温需要予以现场控制和调节。温度范围如下:

(1) 电阻丝加温器和红外灯管加温器为 100~800℃;

(2) 温度控制器控制范围为 100~(800±5)℃。

2. 测试仪器

叶片振动疲劳试验需测量的参数如下。

(1) 叶尖振幅:用振动位移传感器(如激光位移传感器)及其配套振动测量仪

器测量。

（2）振动应力：一般用电阻应变计配用动态应变仪（或线性放大器）测量。整个测量系统应进行应力标定。电阻应变计一般粘贴在叶片的最大应力点处。但有时为了防止电阻应变计疲劳损坏，被测点可以不是最大应力点。这时，应将测量应力的结果转换到最大应力点处，因为叶片的疲劳极限是以最大应力点为依据的。

（3）振动频率：由动态信号分析仪（或振动信号分析仪）对测量的振动响应信号进行频谱分析测得。

（4）循环数：开始试验到出现裂纹的试验时间（s）与振动频率的乘积即为循环数。

叶片振动疲劳试验的测试仪器一般包括：电荷放大器、振动加速度计、振动位移测量仪、应变测量仪、振动传感器（包括振动位移传感器、振动速度传感器、激光振动位移传感器等）、激光测振仪、应变计、动态信号分析仪等，以及信号发生器、示波器等配套仪器设备。

3. 控制、监视系统

叶片振动疲劳试验中一个很重要的问题是，应保证在整个试验过程中叶片做恒幅振动，这需要采用控制系统，通过控制激振力的大小来实现。使用电动振动试验系统进行叶片振动疲劳试验时，通过调整电动振动试验系统的功率放大器输出信号的幅值，可以调节被试叶片的振幅。如果想获取叶片在某一应力水平下的疲劳寿命，应使叶片振动的振幅保持恒定，此时常常将非接触式振动位移传感器安装在叶尖附近，以测量叶片振动。

叶片振动疲劳试验时，为了能及时发现疲劳裂纹的产生，应有一个监视系统。通常是监视叶片的自振频率，因为叶片产生裂纹后，其自振频率会下降。也可使用动态信号分析仪（或振动信号分析仪）对振动位移或振动应力信号进行频谱分析，获得叶片的振动频率，通过叶片振动频率的变化判断叶片是否产生裂纹。

6.3.5　试验流程

1. 试验参数的确定

1）最大应力点

通过用有限元方法进行理论计算，然后进行振动应力分布试验验证，确认最大应力点位置。

2）应力-振幅的换算系数

在叶片最大应力点处粘贴一片应变计以测量疲劳试验时的最大应力，同时在低应力区粘贴一个参考应变计。由于应变计疲劳寿命比较短，试验时一般通过振动位移传感器监测叶片的叶尖振幅进行振动应力水平的监测与控制。因此，在试验前，需要进行叶片振动应力水平与叶片叶尖振幅之间关系的标定，获取叶片振动应力-振幅的换算系数。

通常在激振力比较小的情况下进行叶片振动应力-振幅的标定,即以一个比较小的激振力,使叶片发生共振,通过应力测量系统和振幅测量系统分别获取叶片振动应力和叶尖振动幅值,可以得到叶片振动应力-振幅的换算系数。通过这种方法,采用不同的激振力进行激振,进行 3~5 次试验,即可获取叶片振动应力-振幅换算系数的平均值。

2. 调试试验

调试试验的主要目的和基本工作如下:

(1) 对设备各个系统进行试验前检查;

(2) 按照有关规定,逐步启动试验设备各个系统及测试仪器,投入运行状态,检查运行是否正常;

(3) 对振动试验系统及测试系统进行动态检查;

(4) 对试验叶片进行振动应力分布试验,确定在试验规定的振动频率下试验叶片的最大应力部位;

(5) 对所有试验叶片进行编号,在试验叶片的最大应力部位和选择的参考部位粘贴应变计、引线;

(6) 进行振动应力-振幅标定试验,获得试验叶片的叶尖振动幅值与最大应力部位的应力值之间的对应关系;

(7) 在振动试验系统上对试验叶片进行调试,在试验设备、测试系统工作正常的情况下,确认试验参数设置、测试数据正确。

3. 正式试验

在振动试验系统上完成试验调试后,在试验设备和测试系统工作正常、已确认试验参数设置、测试数据正确的情况下,即可开展正式试验。

(1) 按照试验大纲的要求,完成每个试验叶片的振动疲劳试验,记录振动频率、试验持续时间、振动应力水平、振动振幅等试验信息。

(2) 当某一试验叶片出现裂纹或达到规定的试验时间后,该试验叶片的振动试验结束,如果试验过程中有异常应做好相关记录。

(3) 完成所有试验叶片的振动疲劳试验后,停止试验,检查和确认记录数据的正确性和完整性,评估试验的有效性。

6.3.6　试验数据处理

1. 测定 $S-N$ 曲线

对于 $S-N$ 曲线的倾斜段,试验应力水平分为 3~5 级,应力值等间隔,每个应力水平取 3~5 个试验叶片。做完第一个应力水平的试验后,将疲劳寿命 N_1、N_2、N_3… 变为对数疲劳寿命 x_1、x_2、x_3…,再求其子样平均值 $\bar{x}$ 和子样标准差 s。

$$\overline{x} = \frac{1}{n} \sum_{i=1}^{n} x_i \tag{6.14}$$

$$s^2 = \Big[\sum_{i=1}^{n} x_i^2 - \Big(\sum_{i=1}^{n} x_i \Big)^2 / n \Big] / (n-1) \tag{6.15}$$

即可用变异系数 $s/\overline{x}$ 与子样大小 n 的关系曲线公式：

$$\frac{s}{\overline{x}} \leqslant \frac{\delta \sqrt{n}}{t_\alpha} \tag{6.16}$$

查看图 6.3 的图形或表 6.1 来判定所用子样数 n 是否恰当,如果不满足,还要增加子样数到恰当为止。式中 δ 为误差限度,一般取 5%。t_α 为特征值,根据给定的置信度和已知的自由度,可在参考文献《航空发动机强度设计、试验手册(试用本)》第二篇第二章的附表 1 中查得。做完每一个应力水平的试验后,都要进行这种检查。根据每一级应力水平下的一组试验叶片的试验结果进行统计处理后得到的子样平均值 $\overline{x}$,用曲线拟合各数据点,可得 $S-N$ 曲线的倾斜段。当用升降法得到疲劳极限后,参照试验叶片材料的曲线的形状,在两线相交处进行圆滑过渡,使之成为一条完整的曲线。

表 6.1　变异系数与子样个数之关系

置信度		子样个数 n								
		2	3	4	5	6	7	8	9	10
变异系数 $s/\overline{x}$	$\gamma = 90\%$	0.012 5	0.019 5	0.031 0	0.040 0	0.047 0	0.053 0	0.058 5	0.064 2	0.070 0
	$\gamma = 95\%$	0.020 0	0.029 2	0.042 4	0.052 5	0.060 5	0.068 2	0.074 8	0.080 2	0.085 5

上述测定 $S-N$ 曲线的方法,适合于一般钢材。而另一些如铝甚至镍基耐热合金在高温下,它们的 $S-N$ 曲线没有弯折成水平状的疲劳极限线,而是一条不断下走的拐大弯的连续 $S-N$ 曲线。前一种曲线弯折处在 10^7 次循环处,后一种曲线大弯折处在 $2 \times 10^7 \sim 10^8$ 次循环处。

2. 测定 $P-S-N$ 曲线

对于 $P-S-N$ 曲线的倾斜段,试验应力水平分为 3~5 级,应力值等间隔,每个应力水平取 3~5 个试验叶片。做完第一个应力水平的试验后,将疲劳寿命 N_1、N_2、$N_3 \cdots$ 变为对数疲劳寿命 x_1、x_2、$x_3 \cdots$,再由式(6.14)、式(6.15)求其子样平均值 $\overline{x}$ 和子样标准差 s,即可用变异系数 $s/\overline{x}$ 与子样大小 n 的关系曲线公式(6.16)来判定所用子样数 n 是否恰当,如果不满足,还要增加子样数,到恰当为止。式中,δ

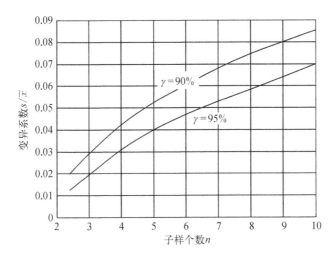

图 6.3 变异系数与子样大小 n 之关系图

为误差限度,一般取 5%。t_α 为特征值,根据给定的置信度和已知的自由度,可在参考文献《航空发动机强度设计、试验手册(试用本)》第二篇第二章的附表 1 中查得。做完每一个应力水平的试验后,都要进行这种检查。根据每一级应力水平下的一组试验叶片的试验结果进行统计处理后得到其子样平均值和子样标准差。航空产品设计中,存活率常取 $p = 99.87\%(-3\sigma,u_p = -3)$,用子样平均值作为母体平均值 μ 的估计量;用子样标准差 s 作为母体标准差 σ 的估计量。对数疲劳寿命 x_p 与存活率 P 之间存在如下关系 $\overline{x}$:$x_p = \mu + u_p\sigma$。于是有 $x_p = \mu + u_p\sigma = \overline{x} + u_p s = \overline{x} - 3s$。用曲线拟合各数据点,可得 $P-S-N$ 曲线的倾斜段;或者将数值 $\sigma_1 = x_{p1}$、$\sigma_2 = x_{p2}$、$\sigma_3 = x_{p3}$ 用最小二乘法拟合成斜线,得到曲线的倾斜段。当用升降法得到中值疲劳极限 σ_{-1} 后,按 $\sigma_p = \sigma_{-1} - 3s_{-1}$ 进行处理,参照试验叶片材料的 $S-N$ 曲线形状,在两线相交处进行圆滑过渡,使之成为一条完整的 $P-S-N$ 曲线。

以上求得的对数安全寿命的真值 $x_p = \mu + u_p\sigma$ 可由 $\overline{x} + u_p s$ 估计出,但只有 50% 的把握或置信度。如用一个系数 k 取代 u_p(k 也为负数,但 $|k| > |u_p|$),使得由 $\overline{x} + ks$ 估计出的对数安全寿命 x_p 小于真值的概率为 γ,则此 γ 就是安全寿命的置信度。常取 $\gamma = 95\%$(或 90%),于是,将 $x_p = \overline{x} + ks$ 作为 $\mu + u_p\sigma$ 的估计量时有了 95% 的把握。其中,k 值称为"单侧容限系数"。具体数值见参考文献《航空发动机强度设计、试验手册(试用本)》第二篇第二章的附表 2。

3. 升降法测定疲劳极限

第一对数据出现相反结果之前的数据都应舍去,即从最高的应力水平开始,逐级往下连续 3 件都是破坏,第 4 件才是越出,则第 1 个和第 2 个数据都应舍去。根据最后一个试验叶片的试验结果,可决定下一个试验叶片的应力水平。可见,即使不做这下一个试验叶片的试验,其数据也是已知的,因此在数据处理时应算上这个数据。整理出各级应力水平 σ_i 上的试验次数 n_i,可以计算出中值疲劳极限值 σ_{-1}:

$$\sigma_{-1} = \frac{1}{n}(\sigma_1 n_1 + \sigma_2 n_2 + \cdots + \sigma_i n_i) \tag{6.17}$$

4. 成组对比试验

1)计算子样平均值 $\overline{x}$ 和子样标准方差 s^2

由式(6.14)和式(6.15)分别求各组的子样平均值 $\overline{x}_1$、$\overline{x}_2$ 和子样标准方差 s_1^2、s_2^2 值。

2)进行 F 检验

(1)计算统计量方差比 F。

$$F = s_2^2 / s_1^2 \tag{6.18}$$

(2)确定自由度。

变量 F 包含分子自由度和分母自由度。由 $v = n - 1$ 可知,分子自由度和分母自由度分别为 $n_2 - 1$、$n_1 - 1$。

(3)选择显著度。

选择显著度 $\alpha = 10\%$ 即置信度 $\gamma = 90\%$;$\alpha = 5\%$ 即 $\gamma = 95\%$;$\alpha = 1\%$ 即 $\gamma = 99\%$。可分别从参考文献《航空发动机强度设计、试验手册(试用本)》第二篇第二章的附表 2 中查出相应的 F_α 值。

(4)F 检验

如果 $F > F_\alpha$,则两个母体标准差相等,$\sigma_1 = \sigma_2$,满足对比条件。

3)进行 t 检验

(1)计算统计量 t。

对比试验常采用 $n_1 = n_2 = n$,故有

$$t = \left[(\overline{x}_1 - \overline{x}_2)\sqrt{n}\right] / \sqrt{s_1^2 + s_2^2} \tag{6.19}$$

(2)确定自由度。

变量 t 的自由度为 $v = n_1 + n_2 - 2 = 2(n - 1)$。

(3)t 检验。

根据自由度和前面选择的置信度,可由参考文献《航空发动机强度设计、试验手册(试用本)》第二篇第二章的附表 1 中查出相应的 t_α 值。与式(6.19)计算出的 t 值相比,若 $|t| < t_\alpha$,则表示两个母体的平均值没有显著差异,$\mu_1 = \mu_2$,两

个子样来自同一母体,两组对比试验结果的小差异是由偶然因素引起的;若 $|t| > t_\alpha$,则表示两个母体平均值的差异是显著的,$\mu_1 \neq \mu_2$,两个子样不是来自同一母体,两组对比试验结果的较大差异是由条件因素引起的。

(4) 区间估计。

如果两个母体的平均值之间有显著差异,则可以估计出它们平均值之差的所在范围,取前面选择的置信度值,两个母体平均值差数的区间估计公式为

$$(\overline{x}_1 - \overline{x}_2) - t_\alpha\sqrt{(s_1^2 + s_2^2)/n} < \mu_1 - \mu_2 < (\overline{x}_1 - \overline{x}_2) + t_\alpha\sqrt{(s_1^2 + s_2^2)/n} \tag{6.20}$$

5. 成对对比试验

1) 计算差数平均值 $\overline{x}_{a-b}$ 和差数标准差 s_{a-b}

根据试验所得数据,取出 a、b 两组可以对比的对数寿命数据,按大小排列依次结成对子。数据较大的一组为 a,较小的一组为 b。 计算出每个对子中两个个体的差数、差数总和的平方、差数平方的总和待用。

由式(6.21)、式(6.22)分别计算差数平均值 $\overline{x}_{a-b}$ 和差数标准差 s_{a-b}:

$$\overline{x}_{a-b} = (1/n) \sum_{i=1}^{n} (x_{ai} - x_{bi}) \tag{6.21}$$

$$s_{a-b} = \sqrt{\left(\sum (x_{ai} - x_{bi})^2 - (1/n)(x_{ai} - x_{bi})^2\right)/(n-1)} \tag{6.22}$$

2) 进行 t 检验

理论证明,式(6.23)为一个自由度等于 $n-1$ 的统计变量 t:

$$t = \overline{x}_{a-b}\sqrt{n}/s_{a-b} \tag{6.23}$$

取显著度 $\alpha = 10\%$,即置信度 $\gamma = 90\%$。已知本试验每组的自由度为 n,可由参考文献《航空发动机强度设计、试验手册(试用本)》第二篇第二章的附表 1 查出相应的 t_α 值。与式(6.23)计算出的 t 值相比,如果 $t < t_\alpha$,则表示两个母体的平均值没有显著差异,$\mu_a = \mu_b$,两个子样来自同一母体;若 $t > t_\alpha$,则表示两个母体平均值的差异是显著的,$\mu_a \neq \mu_b$,两个子样不是来自同一母体。

3) 区间估计

若两个母体的平均值之间有显著差异,则可以估计出它们的平均值之差 $\mu_a - \mu_b$ 所在的范围,即置信区间。取前面选择的置信度,按式(6.24)计算:

$$\overline{x}_{a-b} - t_\alpha s_{a-b}/\sqrt{n} < \mu_a - \mu_b < \overline{x}_{a-b} + t_\alpha s_{a-b}/\sqrt{n} \tag{6.24}$$

当然,母体平均值也可用中值疲劳寿命来代替,即

$$\mu_a - \mu_b = \lg(N_{50})_a - \lg(N_{50})_b \tag{6.25}$$

6. 故障再现试验

因为故障再现试验是参照试验叶片材料 $S-N$ 曲线的 $2\times10^5 \sim 2\times10^6$ 次循环寿命处的应力水平进行的,所以只需观察试验叶片裂纹部位和断口形态与故障件的一致程度即可。

6.4　热冲击试验

6.4.1　引言

随着航空事业的不断发展,人们对飞机的性能和速度要求越来越高,燃气涡轮发动机的研制周期越来越短,设计概念不断更新。发动机的推重比提高很快,推重比的提高主要是通过改善气动性能、采用高强度材料、降低构件工作应力和提高涡轮进口温度等措施实现的。当今航空发动机的涡轮进口温度越来越高,从 20 世纪40 年代的 1 100 K,到 90 年代的 1 800~2 000 K,如此高的温度,使得导向叶片和工作叶片的工作环境非常恶劣,严重的热应力和热疲劳降低了叶片的工作寿命。为了解决这个问题,发动机设计人员在选材、选型和加工工艺上做了大量工作,多种材料和试验方法应运而生。

航空发动机涡轮叶片热冲击试验主要是根据涡轮叶片的实际工作条件,在实验室条件下,考查叶片的循环寿命。该试验介于叶片材料常规试验和发动机长期台架试车之间,它采用的是真实叶片或模拟叶片作为试验件,由高温高速燃气和冷气(含喷水)循环进行加温、冷却,在工作叶片上施加拉伸载荷(模拟叶片某个截面承受的离心力),通过程序控制,在实验室条件下模拟发动机涡轮叶片反复从飞机起飞到降落的过程中叶片温度和载荷的循环变化。因此,它与常规材料试验相比,试验条件和受力状态复杂得多,更接近零件的实际工作状态,更能较好地考查材料在服役条件下的综合性能。

热冲击试验的目的主要如下:

(1)考查不同材料的叶片在不同特定工作条件(模拟)下的综合性能,为设计选材提供依据,同时为叶片的材料研究与发展提供试验支撑;

(2)进行不同叶型的热冲击试验,以便选择较好的设计叶型;

(3)进行不同工艺状态叶片的热冲击试验,以便选择最佳工艺状态,提供叶片的使用寿命;

(4)进行裂纹扩展速率的试验,确定叶片裂纹的危险长度,以便防范;

(5)进行叶片表面防护层(渗层、涂料)的对比试验,以便选择最佳的叶片表面保护材料,同时为防护材料的研究发展指明方向;

（6）对服役机种不同寿命期叶片进行热冲击试验分析,测取不同寿命期后叶片的剩余循环寿命,为定寿或延寿提供依据。

6.4.2　试验方法

设备通过加载系统和燃烧室对试验件进行加载和加温,按图 6.4 所示温度、载荷-时间循环曲线运行,即加温、加载—保温、保载—降温、降载—空载、气冷—空载、喷水—间歇—加温、加载—…,以模拟试验件所经历的骤热—骤冷的循环变化。

通过专用的试验转接段形成试验通道,以模拟试验件的工作环境。采用加载系统按需对试验件加载,采用燃烧室所产生的高温燃气给试验件加温,喷水系统按需要为试验件喷水冷却。试验器工作框图如图 6.5 所示,加载原理如图 6.6 所示,供参考。

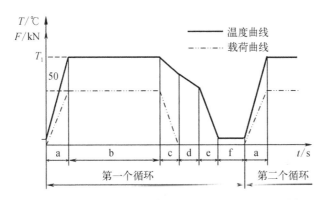

a-加温、加载;b-保温、保载;c-降温、降载;d-空载、气冷;e-空载、喷水;f-间歇

图 6.4　温度、载荷-时间循环曲线

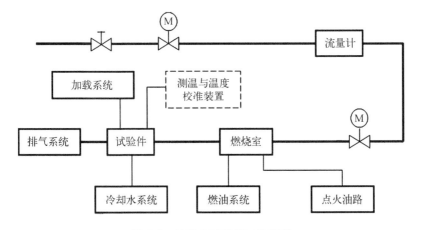

图 6.5　热冲击试验器工作框图

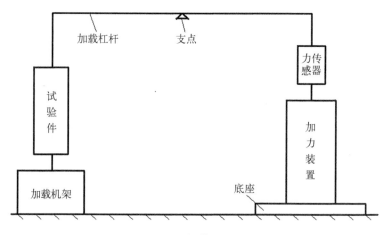

图 6.6　加载原理图

6.4.3　试验转接段设计

试验转接段是连接试验件(涡轮叶片)和试验设备之间的转接装置。叶片热冲击试验前,需要根据被试叶片的结构尺寸,设计并加工试验转接段。试验转接段的一般设计要求如下。

(1)试验件安装:试验件安装应能模拟其实际工作时的约束状态,或者满足试验技术要求规定的安装方式。

(2)强度、寿命要求:完成结构设计的转接段,应具有一定的强度、寿命。

(3)流道要求:转接段的通道应平滑,避免出现通道突变。

以某发动机整盘叶片和多个叶片为例,试验转接段设计如图 6.7 和图 6.8 所示。

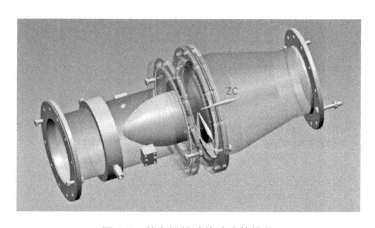

图 6.7　整盘涡轮叶片试验转接段

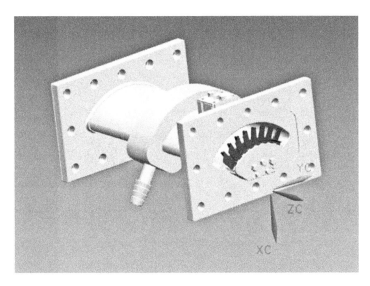

图 6.8　多个涡轮叶片试验转接段

6.4.4　试验设备与测试仪器

1. 试验设备

热冲击试验设备主要由进气加温系统、燃油系统、电气测控系统、排气系统、循环水冷却系统、喷水系统、加载系统等组成。

2. 测试仪器

测试仪器主要有压力传感器、热电偶、流量计、力传感器等,压力传感器用于测量进气加温系统、燃油系统、循环水冷却系统和喷水系统的压力,热电偶用于测量进气加温系统和燃油系统的温度,流量计用于测量进气加温系统、燃油系统的流量,力传感器用于测量加载系统的加载力。

6.4.5　试验流程

1. 确定试验循环

试验循环指在规定时间内,试件所受温度和载荷随时间循环变化的某种规律。热冲击试验常采用图 6.4 所示的温度、载荷-时间循环曲线,以模拟实际零件所经历的地—空—地循环。

2. 确定试验循环数

试验循环数由设计部门根据研制合同或计算结果确定。

3. 确定检查部位

检测部位用图文形式表示。

4. 确定检测项目

检测项目一般有特征尺寸的精密测量、表面质量检查、无损检测（应全面探测）、断口分析。

5. 确定检测时机

检测时机分为试验前、试验中及试验后。

6. 其他

用来对比评估热疲劳寿命或热机械疲劳寿命的发动机涡轮叶片必须是同批次叶片中任意抽取的实物构件，陪试叶片可以是与试件相同的真实叶片。

6.4.6 试验数据处理

与热冲击试验有关的数据是试验温度、试验载荷、试验循环数、压力、流量及试验循环曲线上各阶段的时间，影响试验结果的主要是试验载荷和试验温度，数据处理分别按试验上限和下限保持阶段的载荷和温度取平均值，由式（6.26）~式（6.29）计算得出。

$$\overline{T}_{g\text{上}} = \frac{1}{N}\left(\sum_{i=1}^{N} \overline{T}_{g\text{上实测}i} \right) \tag{6.26}$$

$$\overline{T}_{g\text{下}} = \frac{1}{N}\left(\sum_{i=1}^{N} \overline{T}_{g\text{下实测}i} \right) \tag{6.27}$$

$$\overline{F}_{\text{上}} = \frac{1}{N}\left(\sum_{i=1}^{N} \overline{F}_{\text{上实测}i} \right) \tag{6.28}$$

$$\overline{F}_{\text{下}} = \frac{1}{N}\left(\sum_{i=1}^{N} \overline{F}_{\text{下实测}i} \right) \tag{6.29}$$

式中：$\overline{T}_{g\text{上}}$ 为上限温度均值，为每一个试验循环保温阶段实测温度平均值之和的平均值；$\overline{T}_{g\text{下}}$ 为下限温度均值，为每一个试验循环间歇阶段实测温度平均值之和的平均值；$\overline{T}_{g\text{上实测}}$ 为一个试验循环保温阶段实测温度的平均值；$\overline{T}_{g\text{下实测}}$ 为一个试验循环间歇阶段实测温度的平均值；$\overline{F}_{\text{上}}$ 为上限载荷均值，为每一个试验循环保载阶段实测载荷平均值之和的平均值；$\overline{F}_{\text{下}}$ 为下限载荷均值，为每一个试验循环间歇阶段实测载荷平均值之和的平均值；$\overline{F}_{\text{上实测}}$ 为图 6.4 中保温阶段的载荷平均值；$\overline{F}_{\text{下实测}}$ 为试验实测的图 6.4 中间歇阶段的载荷平均值；N 为循环数。

对试验上限和下限保持阶段的载荷和温度取平均值，误差按式（6.30）~式（6.33）计算，其值应符合试验要求。

$$\delta_{T_{g\text{上}}} = T_{g\text{上理论}} - \overline{T}_{g\text{上}} \tag{6.30}$$

$$\delta_{T_{g下}} = T_{g下理论} - \overline{T}_{g下} \tag{6.31}$$

$$\delta_{F_{上}} = F_{上理论} - \overline{F}_{上} \tag{6.32}$$

$$\delta_{F_{下}} = F_{下理论} - \overline{F}_{下} \tag{6.33}$$

式中：$\delta_{T_{g上}}$ 为上限试验温度误差；$\delta_{T_{g下}}$ 为下限试验温度误差；$\delta_{F_{上}}$ 为上限试验载荷误差；$\delta_{F_{下}}$ 为下限试验载荷误差；$T_{g上理论}$ 为上限理论试验温度，为试验技术要求规定的保温阶段的温度；$T_{g下理论}$ 为下限理论试验温度，为试验技术要求规定的间歇阶段的温度；$F_{上理论}$ 为上限理论试验载荷，为试验技术要求规定的保温阶段的载荷；$F_{下理论}$ 为下限理论试验载荷，为试验技术要求规定的间歇阶段的载荷。

6.4.7　试验分析与评定

1. 试验分析

通过对比试验条件和试验情况，对试验数据进行分析，给出结论，说明试验是否达到了预定目的，并对设计或使用提出建议。

2. 试验评定

试验评定内容一般包括以下内容：

（1）检查是否完成了规定的试验内容。

（2）对试验数据的有效性和试验数据的重复性进行评定。

参考文献

李其汉,胡璧刚,徐志怀,1995.航空发动机强度振动测试技术[M].北京：北京航空航天大学出版社.

朱梓根,2000.航空涡轴、涡桨发动机转子系统结构设计准则(研究报告)[M].北京：北京航空航天大学出版社.

第7章
航空发动机齿轮试验

7.1 概　述

随着航空发动机不断发展,对齿轮传动的要求越来越高,这就对齿轮的性能提出了更高的要求。尽管在齿轮仿真、计算分析等方面取得了长足的进步,但齿轮强度试验仍然是评估齿轮性能最基本、最可靠的方法。

航空发动机传动齿轮的强度试验包括验证性试验和先期性试验。前者主要是对设计的齿轮进行强度的考核;后者是对新研制的齿轮进行各种影响因素的定性和定量研究,以确定最佳齿轮参数和轮体结构、材料等,主要包括下列试验。

齿轮疲劳强度试验:可分为接触疲劳强度试验、弯曲疲劳强度试验。在试验器上运转或脉动加载,不应出现齿裂、点蚀乃至剥落。

齿面胶合承载能力试验:研究载荷、速度和润滑油等对承载能力的影响。

齿轮动力学试验:试验确定齿轮的共振转速和振动应力,验证实际使用中工作的可靠性。

齿轮光弹试验:进行齿轮应力分析。

7.2 弯曲疲劳强度试验

7.2.1 引言

齿轮在传递功率或扭矩时,各轮齿除了承受每周一次的弯曲疲劳载荷,还承受齿面接触疲劳载荷。航空发动机齿轮在高速旋转下工作,在正常使用寿命周期内,各轮齿承受的载荷循环数均在 10^6 之上,可能产生高循环疲劳失效。

随着齿轮表面处理技术的发展,齿面抗点蚀胶合的能力增强,接触疲劳强度明显提高,如渗碳工艺可以使某些大型齿轮允许接触应力比调质齿轮高300%,而允许弯曲应力仅提高50%,因此齿轮弯曲疲劳已成为硬齿面齿轮失效的主要形式。

大量统计表明,齿轮的疲劳失效的主要形式是轮齿弯曲疲劳折断,因此其弯曲疲劳特性是实现传动系统抗疲劳设计和可靠性设计的关键基础数据,但国标 GB/T 19406—2003《渐开线直齿和斜齿圆柱齿轮承载能力计算方法　工业齿轮应用》中的轮齿弯曲疲劳极限应力值沿用 ISO9085∶2002,这是由于目前国内缺乏齿轮疲劳特性数据,而 ISO 的试验齿轮与我国齿轮材料冶炼、机械加工、热处理工艺等均有一定的差别。

目前,国内对于齿轮弯曲疲劳试验主要从材料、工艺、载荷等角度出发,研究新材料新工艺等对齿轮弯曲疲劳寿命的影响,获取的试验数据应用于产品研发。

目前,国内齿轮弯曲疲劳强度试验程序一般参照 GB/T 14230—2021《齿轮弯曲疲劳强度试验方法》执行。通过弯曲疲劳试验获取齿根弯曲疲劳极限或曲线,为齿轮结构及强度设计提供试验依据。由于试验时间、经济性等问题,齿轮弯曲疲劳强度试验多采取一些措施来减少试验件的数量和试验时数。例如,使用"升降法"不作疲劳曲线而确定疲劳极限,或在同一应力水平下对试验件寿命进行比较。对于航空发动机和直升机用齿轮,只确定长期疲劳强度极限可相应于试验基数的疲劳极限就足够了。

7.2.2　试验方法

进行齿轮弯曲疲劳试验可采用运转试验法,也可采用脉动加载试验法。由于脉动加载试验法具有试验周期短、操作简便、试验齿轮数目少等优点,目前在国内外已广泛应用于齿轮弯曲疲劳试验研究中。

脉动加载试验法即在高频疲劳试验器上利用专用夹具,对试验齿轮的轮齿进行脉动加载,直至轮齿出现弯曲疲劳失效或越出时试验终止,并获得轮齿在试验应力下的一个寿命数据点。试验中,脉动载荷施加在轮齿上。选取的试验轮齿,与加载的轮齿至少应间隔一个轮齿。每个试验齿轮可得若干试验点。

通常根据不同的试验目的,可采用成组试验法结合升降法测定齿轮弯曲疲劳特性曲线及弯曲疲劳极限。

常规成组法用于测定试验齿轮的可靠度-应力-寿命曲线(即 $R-S-N$ 曲线)。试验时取 4 或 5 个应力级,每个应力级不少于 5 个试验点(不包含越出点)。最高应力级中各试验点的弯曲应力循环数不少于 0.5×10^5,最高应力级与次高应力级的应力间隔为总试验应力范围的 $40\% \sim 50\%$,随着应力的降低,应力间隔逐渐减小。最低应力级中至少应有一个试验点越出。

升降法试验前可先用常规法或估算法得出粗略的疲劳极限值,再根据疲劳极限值定出应力级差。试验时在略高于疲劳极限估算值的应力下开始试验,若第一个试验点在达到试验基数(3×10^6 次)前破坏,则下一个试验点降低一个应力级;若第一个试验点在达到试验基数时未破坏(即越出),则下一个试验点的试验应力增加一个应力级。后续试验点按此方法进行,直至试验点全部做完。一般同种材料的升降试验点不低于 10 个。

7.2.3　试验夹具的设计

齿轮弯曲疲劳试验夹具可采用单齿加载形式,也可采用双齿加载形式。目前国内采用双齿加载形式的夹具较多。

试验夹具应具有足够的刚度,并能可靠地支承试验齿轮。夹具须保证载荷作用在轮齿接近齿顶的齿面上,并能确定载荷作用点的准确位置。夹具的安装须保证施加在轮齿上的载荷作用线与试验齿轮的基圆相切,载荷须沿齿向均匀分布,详见图 7.1 和图 7.2。

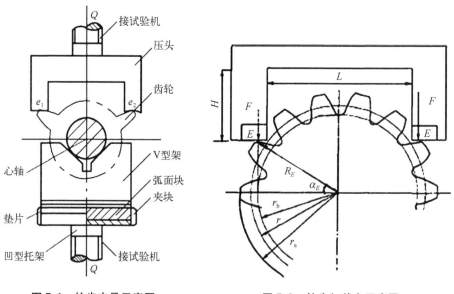

图 7.1　轮齿夹具示意图　　　　　图 7.2　轮齿加载点示意图

在齿轮几何参数确定的前提下,双齿加载的跨齿数 n 和加载点 E 的位置是确定的。其计算方法如下:

E 点所在圆的直径为

$$d_E = d_b / \cos \alpha_E \tag{7.1}$$

式中: d_b 为基圆直径; d_E 为加载点 E 的直径; α_E 为 E 点的压力角。

压力角 α_E 可按下式计算:

$$\tan \alpha_E = \frac{1}{2}\left[\pi - \frac{1}{Z}(2n\pi + \pi - 4x\tan\alpha_t - 2Z\mathrm{inv}\,\alpha_t)\right] \tag{7.2}$$

式中: Z 为试验齿轮齿数; x 为试验齿轮的变位系数; α_t 为端面分度圆压力角; n 为

跨齿数。

跨齿数 n 由下式计算：

$$n \approx \frac{Z}{2\pi}\left[\pi - 2\tan\alpha_{\alpha} - \frac{1}{Z}(\pi - 4x\tan x) + 2\text{inv}\,\alpha_{t}\right] + 0.5 \quad (7.3)$$

式中：n 为跨齿数，按四舍五入取整数；α_{α} 为齿顶压力角。

夹具压头的尺寸 L（上压头内侧距离）和 H（上压头内侧高）可根据 E 点位置确定。此外，上压头宽度应大于齿宽，压块硬度应为 60~64 HRC。

7.2.4　试验设备

用于弯曲疲劳试验的高频疲劳试验器由主振系统、并联弹簧、测力传感器、夹具等部分组成，可施加静、动载荷，动态载荷可达到 100 kN，频率可到 200 Hz，可实时显示或记录加载频率和循环数。

7.2.5　试验流程

1. 确定试验件

弯曲疲劳试验齿轮的材料及设计参数应与实际工况齿轮的材料及参数一致或相近。精度为 GB/T 10095.1—2008《圆柱齿轮　精度制　第 1 部分：轮齿侧齿面偏差的定义和允许值》的 4~7 级。齿廓线与齿根圆弧线须圆滑过渡，表面硬度及基节偏差须检查并剔除不合格的试验齿轮。同一组试验齿轮，其加工设备及加工工艺须相同。

2. 试验准备

试验前应对试验器进行校检。静态加载误差不大于±2%，动态加载误差不大于±5%。试验前需对试验器进行静态载荷及动态载荷标定。应使用计量部门定期校检合格的传感器并按照相关标准方法进行标定。

清洗试验齿轮后目测检查齿根过渡圆弧不得有加工刀痕或其他形式损伤，并对试验齿轮及轮齿进行编号。安装试验齿轮时应避免擦伤。

3. 正式试验

试验时，首先进行预备性试验，预备性试验是为了确定试验的应力级，一般可通过升降法来估计疲劳区的载荷范围及极限应力，再按照常规成组法来确定应力级。

确定应力级后，可按照应力级逐点进行试验。试验期间需经常检查设备，出现异常需及时排除。试验过程中记录试验点的失效循环寿命，每个试验点均需记载。

一般按照下列三种情况来判定弯曲疲劳失效：

（1）轮齿齿根出现可见疲劳裂纹；

（2）载荷或频率下降 5%~10%；

（3）沿齿根断齿。

试验后的断齿及试验齿轮需保留,以备进行失效分析。同一应力级的试验点完成后需进行分布检验,若分布函数的线性相关系数不能满足最小值要求,则需补充试验点。

试验齿轮的齿根应力可根据已确定的 E 点位置,按下式计算:

$$\sigma'_F = \frac{F_t Y_{FE} Y_{SE}}{bm Y_{ST} Y_{\delta relT} Y_{RrelT} Y_X} \tag{7.4}$$

式中: Y_{FE} 为载荷作用于 E 点的齿形系数; Y_{SE} 为载荷作用于 E 点时的应力修正系数;其余代号的意义及取值均可参照 GB/T 14230—2021《齿轮弯曲疲劳强度试验方法》。 Y_{FE} 和 Y_{SE} 按标准给出的计算公式计算。

由于试验器的限制,在双齿加载试验中,循环特性系数 $r_F = F_{min}/F_{max} \neq 0$,应将实际齿根应力 σ'_F 换算为 $r_F = 0$ 时的脉动循环齿根应力 σ_F ,公式为

$$\sigma_F = \frac{(1 - r_F)\sigma'_F}{1 - r_F \dfrac{\sigma'_F}{\sigma_b + 350}} \tag{7.5}$$

式中: σ_b 为抗拉强度,N/mm^2 ;循环特性系数 r 在试验期间为一常数且小于等于 0.05。

7.2.6 试验数据处理

当试验点总数为 n 的应力级无越出点时,其寿命值的排序为

$$N_1 \leqslant N_2 \leqslant \cdots \leqslant N_{n-1} \leqslant N_n \tag{7.6}$$

当试验点总数为 n 的应力级有越出,且失效的试验点数为 r 时,其寿命值的排序为

$$N_1 \leqslant N_2 \leqslant \cdots \leqslant N_{r-1} \leqslant N_r \tag{7.7}$$

对于某一寿命 N_i 的寿命经验分布函数值为

$$F(N_i) = \frac{i - 0.3}{n + 0.4} \tag{7.8}$$

式中: n 为试验点总数; i 为失效顺序号; $F(N_i)$ 为失效顺序号为 N_i 时的疲劳寿命的失效概率。

若有越出(即弯曲疲劳寿命 $N \geqslant 3 \times 10^6$),则按照未失效的截尾试验来处理越出的试验数据。失效数为 m ,未失效数为 $m' = n - m$ 。此时,采用平均顺序法计算

失效寿命的顺序。得出的"平均顺序"不一定为整数。对于双齿加载,当一个齿失效时,就不得不终止试验。这时对未失效的齿来说,与它对偶齿的疲劳失效寿命就是它的终止试验数据。假设 u 对齿加载试验,其中 m 个齿失效,$m \leqslant u$,则样本总数 $n = 2u$,其中 $n - m$ 个未失效齿按未失效的终止试验数据处理,也采用平均顺序法来计算失效寿命的顺序。这样可充分利用试验所得信息,因此式(7.8)可修改为

$$F(N_i) = \frac{i_m - 0.3}{n + 0.4} \tag{7.9}$$

式中:i_m 为按平均顺序法计算所得的平均失效顺序(不一定是整数)。

$$i_m = i_{m-1} + (n + 1 - j)/(n + 1 - k) \tag{7.10}$$

式中:i_{m-1} 为平均失效顺序 i_m 前一个平均失效顺序值;k 为平均失效顺序 i_m 前最近的失效数据在全体数据中的顺序号(它是大于等于 0 的整数);j 为 k 数据前最近的失效顺序号(它是大于等于 0 的整数)。

定应力时的齿轮疲劳寿命通常遵循对数正态分布,将试验所得的疲劳失效寿命数据利用最小二乘法进行线性拟合,就可得到分布参数的估计值。

对数正态分布函数为

$$F(N) = \phi\left(\frac{\ln N - \mu}{\sigma}\right) \tag{7.11}$$

拟合方程为

$$\phi^{-1} F(N) = (\ln N - \mu)/\sigma \tag{7.12}$$

式中:$\phi^{-1} F(N)$ 为函数 $\phi(\ln N - \mu)/\sigma$ 的反函数;$F(N)$ 为寿命达到 N 时的失效概率;μ 为总体对数寿命均值;σ 为总体对数寿命标准差。

令 $y = \phi^{-1} F(N)$,$x = \ln N$,$A = 1/\sigma$,$B = -\mu/\sigma$,则上式可写为 $y = Ax + B$,因可靠度 $R = 1 - F(N)$,所以此式实际上反映了可靠度与寿命的关系,称为 $R - N$ 方程。利用数据进行 $[\ln N_i, \phi^{-1} F(N_i)]$ 进行最小二乘法拟合,即可求得 μ 和 σ 的估计值。

A、B 值按下式计算:

$$A = \frac{\sum\limits_{i=1}^{n} x_i y_i - \dfrac{1}{n} \sum\limits_{i=1}^{n} x_i \sum\limits_{i=1}^{n} y_i}{\sum\limits_{i=1}^{n} x_i^2 - \dfrac{1}{n} \left(\sum\limits_{i=1}^{n} x_i\right)^2} \tag{7.13}$$

$$B = \frac{1}{m} \sum\limits_{i=1}^{m} y_i - \frac{A}{m} \sum\limits_{i=1}^{m} x_i \tag{7.14}$$

用线性相关系数 r 检验法来判别疲劳寿命是否服从对数正态分布。

在求得各应力级的 $R-N$ 方程后,可取可靠度 $R = 0.1, 0.2, 0.3, 0.9, 0.95,$ 0.99 等计算可靠度寿命 N_R。 对于对数正态分布,N_R 按下式计算:

$$N_R = \exp(\mu + \sigma\phi^{-1}(1 - R)) \tag{7.15}$$

将各应力级的相同可靠度的疲劳寿命用最小二乘法进行拟合,得到方程为

$$m_R\ln S_R + \ln N = \ln C_R \tag{7.16}$$

式中:S_R 为可靠度为 R 时的疲劳强度;N 为疲劳寿命;m_R 为可靠度为 R 时的指数; C_R 为可 $R-S-N$ 靠度为 R 时的常数。

7.3　接触疲劳强度试验

7.3.1　引言

我国关于齿轮疲劳强度试验的研究起步较晚,特别是有关齿轮接触疲劳的试验更是少之又少。在齿轮设计中,有关接触疲劳校核的部分,都是直接套用国标中的数据,国标也是等同采用 ISO 标准的数据,而 ISO 数据中的试验齿轮与我国的齿轮材料性能、加工工艺都大不相同。因此,为了优化齿轮设计,需要得到我国齿轮的接触疲劳试验数据。

齿轮接触疲劳试验的失效形式一般为齿面点蚀,通过接触疲劳试验获取齿面接触疲劳极限,为齿轮结构及强度设计提供试验依据。国内对于齿轮接触疲劳试验主要从材料、工艺、载荷等角度出发,研究新材料新工艺等对齿面接触疲劳寿命的影响,进行接触疲劳强度评估。

目前国内齿轮接触疲劳强度试验程序一般参照 GB/T 14229—2021《齿轮接触疲劳强度试验方法》执行。齿轮接触疲劳强度的试验方法应考虑或排除可能影响试验结果与可比性的一切因素。这些因素一般有材料性能和齿面状态、齿轮传动的几何参数与精度参数、齿轮传动的工作条件、试验设备特性及类型、试验件与试验工装的结构、测试系统、试验方法等。由于试验时间、经济性等问题,齿轮接触疲劳强度试验多采取一些措施来减少试验件的数量和试验时数。例如,使用"升降法"不作疲劳曲线而确定疲劳极限,或在同一应力水平下对试验件寿命进行比较。对于航空发动机和直升机用齿轮,只确定长期疲劳强度极限可相应于试验基数的疲劳极限就足够了。

7.3.2　试验方法

确定齿轮接触疲劳极限应在运转式齿轮试验器上进行负荷运转试验。当齿面

出现接触疲劳失效或齿面应力循环数达到循环基数(目前行业默认 5 000 万次)而未失效(即"越出")时,试验终止并获得一个试验点数据。根据不同的试验目的,可以采用常规的成组法获取试验齿轮的曲线,进而确定试验齿轮的接触疲劳极限应力;也可采用升降法获取较为准确的接触疲劳极限应力。

常规成组法一般取 4~5 个应力级,每个应力级不少于 5 个试验点(不包括越出),最高应力级中各试验点的齿面应力循环数不少于 100 万次。最高应力级与次高应力级的应力间隔为总试验应力范围的 40%~50%,随着应力的降低,应力间隔逐渐缩小。最低应力级至少应有一个试验点越出。

由于齿轮接触疲劳试验时间长,升降法可灵活运用,一般选取 6~12 个试验点开展,试验时在略高于疲劳极限估算值的应力下开始试验,若第一个试验点在达到试验基数(5 000 万次)前破坏,则下一个试验点降低一个应力级;若第一个试验点在达到试验基数时未破坏,则下一个试验点增加一个应力级。后续试验点按此方法进行,直至试验点全部做完。

7.3.3　试验设备及试验齿轮

齿轮接触疲劳试验器可采用机械功率封闭运转式试验器,典型的齿轮接触疲劳试验器中心距可为 90~160 mm,转速可为 1 000~4 000 r/min,试验器应具有以下基本功能:

(1) 齿轮断齿可自动停车;

(2) 良好的循环喷油润滑系统;

(3) 油温控制装置,回油温度应控制在 60℃ 以下;

(4) 有循环数记录系统,记录误差不大于±0.1%。

图 7.3 为齿轮接触疲劳试验器的原理图。

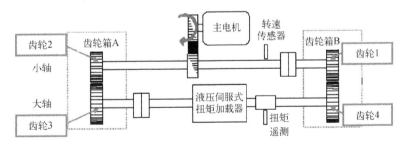

图 7.3　齿轮接触疲劳试验器原理图

7.3.4　试验流程

1. 确定试验件

试验齿轮参数可设计为与产品齿轮一致或相近,模数通常可取 3~8 mm,试验齿轮副材料需相同,工作齿宽 $b > 0.05a$(中心距,mm),表面粗糙度 $R = 2 \sim 5\ \mu m$,精度为 GB10095.1—2008《圆柱齿轮 精度制 第 1 部分:轮齿同侧偏差的定义和允许值》的 4~6 级,基本齿廓应符合 GB/T 1356—2001《通用机械和重型机械用圆柱 齿轮 标准基本齿条齿廓》的规定。

2. 试验准备

试验前需先对试验器进行转速及扭矩等的性能校检。清洗试验齿轮时,检查齿面不得有腐蚀、锈蚀或其他损伤,并对齿轮及轮齿进行编号。试验齿轮安装完成后检查齿面接触情况,可进行着色印痕检查。

3. 正式试验

试验中需经常查看试验器运转情况,监控转速、扭矩、油温等参数,根据接触应力的大小确定齿面检查时间间隔,试验初期的检查间隔时间可适当延长,后期的检查间隔需缩短。

齿轮接触疲劳试验以齿面点蚀损伤程度作为接触疲劳失效的判据,判别方法一般以单齿点蚀面积率或齿轮副点蚀面积率来判定。

$$R_S = A_S / A_{SW} \tag{7.17}$$

式中:R_S 为单齿点蚀面积率,%;A_S 为试验齿轮单个齿面上点蚀面积之和,mm^2;A_{SW} 为试验齿轮单个齿面的工作表面积,mm^2。

$$R_T = A_{1T} / A_{1TW} + A_{2T} / A_{2TW} \tag{7.18}$$

式中:R_T 为齿轮副点蚀面积率,%;A_{1T} 为试验齿轮副主动轮全部点蚀面积之和,mm^2;A_{2T} 为试验齿轮副被动轮全部点蚀面积之和,mm^2;A_{1TW} 为试验齿轮副主动轮各齿工作表面积之和,mm^2;A_{2TW} 为试验齿轮副被动轮各齿工作表面积之和,mm^2。

表面硬化齿轮,包括渗碳、渗氮、碳氮共渗、火焰或感应淬火的齿轮,点蚀一般在少数齿上出现。其点蚀损伤极限为 $R_S = 4\%$ 或 $R_T = 0.5\%$。当单齿点蚀面积率达到 4% 或齿轮副点蚀面积率达到 0.5% 时,判定齿面失效。

检查齿面时,如点蚀面积率已超过点蚀损伤极限,则取该检查时间间隔的一半作为该间隔达到齿面失效时的时间。对点蚀出现时的循环数及应力做好跟踪检查,并进行拍照。另外,试验中出现其他损伤如磨损、胶合等情况,需改善润滑条件及运转条件。当出现中等磨损、中等胶合或轮齿折断时,判定为非接触疲劳失效,该数据不能作为试验点。

试验齿轮的接触应力按下式计算:

$$\sigma_H = \frac{Z_H Z_E Z_\varepsilon Z_\beta}{Z_V Z_L Z_R Z_W Z_X} \sqrt{\frac{F_t(u \pm 1) K_A K_v K_{H\alpha} K_{H\beta}}{d_1 b u}} \tag{7.19}$$

式中：各代号的意义及取值可查阅 GB/T 3480.1—2019《直齿轮和斜齿轮承载能力计算 第 1 部：基本原理、概述及通用影响系数》的表 1。

7.3.5　试验数据处理

当试验点总数为 n 的应力级无越出点时，其寿命值的排序为

$$N_1 \leqslant N_2 \leqslant \cdots \leqslant N_{n-1} \leqslant N_n \qquad (7.20)$$

当试验点总数为 n 的应力级有越出，且失效的试验点数为 r 时，其寿命值的排序为

$$N_1 \leqslant N_2 \leqslant \cdots \leqslant N_{r-1} \leqslant N_r \qquad (7.21)$$

对于某一寿命 N_{Li} 的寿命经验分布函数值为

$$F(N_i) = \frac{i-0.3}{n+0.4} \qquad (7.22)$$

在未知试验齿轮的寿命分布函数时，一般采用二参数韦布尔分布、对数正态分布或正态分布进行分布检验。三种分布函数分别为

$$F(N_L) = 1 - \exp\left[-\left(\frac{N_L^K}{b}\right)\right] \qquad (7.23)$$

$$F(N_L) = \phi\,\frac{\ln N_L - \mu_{\ln N}}{\sigma_{\ln N}} \qquad (7.24)$$

$$F(N_L) = \phi\,\frac{N_L - \mu_N}{\sigma_N} \qquad (7.25)$$

式中：N_L 为齿面应力循环数；b 为韦布尔分布函数的尺度参数；$\mu_{\ln N}$ 为对数正态分布函数的母体对数平均数；$\sigma_{\ln N}$ 为对数正态分布函数的母体对数标准差；μ_N 为正态分布函数的母体对数标准差；σ_N 为正态分布函数的母体标准差。

参考文献

国家市场监督管理总局,国家标准化管理委员会,2021a. 齿轮接触疲劳强度试验方法：GB/T 14229—2021[S].北京：中国标准出版社.
国家市场监督管理总局,国家标准化管理委员会,2021b. 齿轮弯曲疲劳强度试验方法：GB/T 14230—2021[S].北京：中国标准出版社.
赵少汴,王忠保,1997. 抗疲劳设计——方法与数据[M].北京：机械工业出版社.
中华人民共和国国家质量监督检验检疫总局,1997. 渐开线直齿和斜齿圆柱齿轮承载能力计算方法 工业齿轮应用：GB/T 19406—2003[S].北京：中国标准出版社.
朱定金,2007. 直升机减速器齿轮疲劳寿命评定方法[J].直升机技术,2：20-23.

第8章
直升机传动系统试验

8.1 概　述

依据 GJB 720.6A—2012《军用直升机强度规范第 6 部分：地面试验》、GJB 2350—95《直升机传动系统通用规范》等的规定，直升机传动系统研制需要通过地面试验的方法来评价其整机、零部件抵抗变形与破坏的能力，在规定时间内完成规定功能的能力，以及在工作时可以接受的振动水平等，并探索此类能力和水平的形成机制。

地面试验是通过提供相关或相近的工作条件来检验传动系统结构（设计、材料、工艺等）的合理性，验证传动系统的性能和功能等。

按试验对象的组成和试验目的分类，传动系统试验可分为零部件试验、减速器整机台架试验、地面联合试验台（铁鸟）试验、直升机地面试验、飞行试验、预先研究性试验等六类，本章主要介绍传动系统的零部件试验和减速器整机台架试验，试验的类型包括运转试验、静强度试验、高/低循环疲劳寿命试验。

运转试验的试验对象包括整机和零部件，整机包括主减速器、中间减速器和尾减速器，主要零部件有柔性（弹性）联轴节、传动轴组件和离合器组件等，运转试验的主要状态参数是转速、扭矩（功率）等。同时，联轴节试验中还需模拟安装角偏差，该角偏差是工作时因机身受载变形和连接部件之间安装同轴度误差综合引起的；离合器试验需模拟输入和输出轴之间接合/脱开（即传动/超越）的工作过程等，有关运转试验的内容详见 8.2 节和 8.3 节。

静强度试验的主要零部件有主减速器机匣、尾减速器机匣、附件单元、前后轴套等关键部件，主要试验载荷是轴向力、扭矩、弯矩、剪力等；需开展静扭试验的主要零部件有动力传动轴、尾传动轴、附件单元、离合器等传递扭矩的关键部件，主要试验载荷为扭矩，有关静强度的试验内容详见 8.4 节。

高/低循环疲劳寿命试验的主要零部件为主减速器机匣、尾减速器机匣、旋翼轴、尾桨轴、操纵杆、自动倾斜器导筒、后轴套组件等承受高循环疲劳载荷的关键部件,需开展低循环疲劳试验的主要零部件有旋翼轴、尾桨轴、尾传动轴、动力传动轴、行星齿轮架、离合器等承受低循环疲劳试验载荷的关键部件。主要状态参数是载荷、应变、位移等,有关疲劳寿命试验的内容详见 8.5 节。

传动系统零部件和整机的试验在适宜的试验器(或称为试车台)上进行,试验器在功能上必须满足试验件工作状态模拟的要求,例如,能够模拟试验件实际工作的转速、各种载荷及润滑条件等,特殊的还需要模拟工作环境,并配置保障试验测试项目和精度要求的各类测试系统等。

8.2　整机运转试验

8.2.1　引言

直升机传动系统的发展历程是设计、制造、试验的反复摸索,以及迭代和不断完善的过程。传动系统中的整机涉及材料、结构、齿轮、轴承、转子动力学、润滑、密封、传感器、制造工艺等多学科,其各组成零件之间的边界条件和工作过程复杂,很多特性无法完全通过理论分析或计算得到,需要依靠地面试验得到,并对理论分析进行验证和修正。整机运转试验是考核整机传动性能、强度和寿命、可靠性、新材料、新结构、新工艺、新技术的有效途径,通过运转试验还可以及时暴露设计和制造过程中存在的问题,为改进设计和加工工艺提供试验依据,由此可见,整机的运转试验是传动系统整机研制过程中的重要环节,具有非常重要的地位和作用。

传动系统中的整机包括主减速器、中间减速器和尾减速器。试验对象不同,其试验需要模拟的状态参数不同,即使是同一类型的试验件,其结构、组成或功能如果存在差异,其试验状态参数也会存在差异,各整机需要模拟的典型试验状态参数见表 8.1。整机用于试验的试验件必须具有充分的代表性,为随机抽取的合格品,并具有随件附带的合格证。

表 8.1　各整机典型试验状态参数表

试验件名称	主要试验参数
主减速器	转速、扭矩、旋翼升力、旋翼剪力、旋翼弯矩、附件载荷
中间减速器	转速、扭矩
尾减速器	转速、扭矩、尾桨拉力、尾桨剪力、尾桨弯矩、桨距操纵载荷及操纵行程

整机运转试验项目较多,其中典型的研制试验项目包括调整试验、润滑试验、

振动特性试验、传动效率测试试验、齿轮印痕发展试验、验收试验、飞行前核准试验、超功率试验、温度场试验、断油试验、翻修间隔期(time between overhaul, TBO)验证试验、疲劳试验等。不同的试验项目具有不同的试验目的,例如,主减速器润滑试验的目的是检查、验证主减速器润滑系统在工作转速范围内的工作性能,包括润滑系统压力、流量、油位等参数的设定,喷嘴位置是否正确等,为描绘减速器滑油温升、载荷、环境温度的关系曲线提供数据,验证磁性屑末信号器的可靠性及各密封处的密封是否可靠等;由于中、尾减速器通常采用飞溅方式润滑,其润滑试验的目的是验证中、尾减速器在各种转速下其内部飞溅的滑油应达到所有要求供油的位置(如尾减桨距操纵极限行程位置时的可靠润滑等),确定中间减速器、尾减速器合适的静态油位;为描绘减速器滑油温升、载荷、环境温度关系曲线提供数据;验证磁性屑末信号器的可靠性及各密封处的密封是否可靠。又如,整机 TBO 验证试验的目的是考核减速器的性能、耐久性和可靠性,验证减速器在给定的使用功率谱的均立方根等效扭矩条件及相应的其他载荷条件下,应满足型号规范提出的 TBO 的要求。

8.2.2　试验方法

1. 主减速器的试验方法

启动试验器电机,通过调速系统调节电机转速以满足试验转速要求,主减速器内部的润滑系统进入正常工作状态;通过设备的扭矩加载器及控制系统调节扭矩载荷,以满足试验扭矩要求;通过旋翼加载系统对主减旋翼轴施加旋翼升力、剪力和弯矩;通过附件加载系统对主减速器各附件传动链施加附件载荷,从而使得主减速器在规定的转速、载荷及润滑条件下进行各项试验。

主减速器一般自带润滑系统,机匣兼为油箱。

特别地,在进行主减速器的断油试验时,设备需要配置模拟实现断油过程的装置,一般是在主减速器的供油管路上设置电磁换向阀,通电后电磁换向阀接通旁路将润滑油引向外部接油容器中,主减速器油压将很快降低直至断油状态。断油试验程序的设计应将直升机从起飞、最大连续功率巡航、因遭受弹击出现漏油、最低功率下平飞返航、自旋下滑、瞬时增距着落整个过程进行全程模拟。

在进行主减速器的断油试验时,由于内部金属件温度急剧升高,可能造成内部非金属密封件等起火,如果主减速器机匣或零件为镁合金材料,甚至可能引起机匣起火,造成火灾。因此,在进行断油试验前应进行充分的危险源和风险分析,制定相应的应急预案,试验时现场配备消防器材和消防队员,随时准备应对事故的发生。

2. 中、尾减速器的试验方法

启动试验器电机运转,通过调速系统调节电机转速以满足试验转速要求;通过设备的扭矩加载器及控制系统调节扭矩载荷,以满足试验扭矩要求;通过尾桨加载系统对尾减速器的尾桨轴施加尾桨拉力、剪力和弯矩,同时施加桨距操纵载荷及实现桨距操纵行程的模拟,从而使得中间减速器和尾减速器在规定的转速、相应载荷及润滑条件下进行各项试验。

中间减速器和尾减速器一般采用飞溅润滑方式。特别地,在进行中间减速器和尾减速器的断油试验时,设备需要配置模拟实现断油过程的装置,一般是利用中间减速器和尾减速器的油位观察窗或油池温度传感器的安装口作为引油口,在引油管路上设置电磁换向阀,通电后电磁换向阀接通管路将润滑油引向外部接油容器中实现断油;中间减速器和尾减速器断油试验程序的设计应与主减速器的断油试验状态对应。

在进行中间减速器和尾减速器的断油试验时,同样需要进行充分的危险源和风险分析,制定相应的应急预案,试验时现场配备消防器材和消防队员,随时准备应对事故的发生。

8.2.3　试验转接段设计

试验转接段设计包括转接段的结构设计、动力学设计和强度校核,同时应设计相应的安全保护装置。

1. 结构设计

在整机试验中,应模拟试验件的真实边界条件,如与试验件相连的转接件的安装方式和安装精度要求、配合要求、变形协调要求、拧紧力矩等。

结构设计结果不得影响、干涉试验件受载后的正常变形。

在整机试验中,整机受载后机匣、支座等的变形,会引起试验件与设备之间连接同轴度的恶化,在转接段设计时,应尽可能选取变形补偿能力强的柔性联轴器,以补偿同轴度恶化的结果。

2. 动力学设计

完成结构设计的转接段,应结合试验器安装和连接条件,进行转子动力特性计算,确保在试验转速范围内没有危险的临界转速,最大工作转速的±20%转速范围内没有临界转速。

3. 强度校核

完成结构设计的转接段,应进行强度校核,确认与试验件连接的其他零部件的强度裕度高于试验件的强度裕度。

4. 安全保护装置设计

如果最大试验扭矩小于试验器的原有剪切超扭保护值较多,则需要设计本次试验专用超扭剪切保护装置,以及防止旋转件破裂飞逸造成设备和人员损伤的安全防护罩。过扭剪切保护有传动轴缩颈截面剪切保护、剪切销保护等方式,图 8.1 为剪切销超扭保护装置结构图,剪切销的数量一般为 2 个。

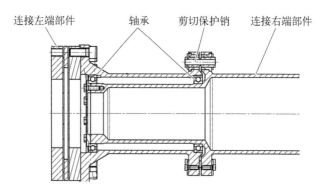

连接左端部件　　　轴承　　剪切保护销　　连接右端部件

图 8.1　超扭保护装置结构简图

8.2.4　试验设备和测试仪器

1. 整机运转试验设备

整机运转试验设备通常由机械传动主体、润滑系统、驱动及控制系统、扭矩加载及控制系统、测试与数据采集系统、总体监控与报警保护系统等组成,对于主减速器试验设备,还应该包括旋翼气动载荷及附件载荷的加载及控制系统;而对于中间减速器和尾减速器试验设备(本节指中间减速器和尾减速器的联合试验台,也有中间减速器和尾减速器分别单独试验的),还应包括尾桨气动载荷及桨距操纵载荷的加载及控制系统,各组成部分及其主要功能如下。

机械传动主体:通过功能部件的支承和连接,保证试验件和设备零部件等可靠连接、运转。

润滑系统:给设备需润滑部件和试验件提供润滑条件。

驱动及控制系统:对设备驱动电机进行转速控制,保证满足试验件的工作转速要求。

扭矩加载及控制系统:对设备扭矩加载器进行控制,保证满足试验件的工作扭矩要求。

测试与数据采集系统:用于对设备运转部件和试验件的状态参数等进行测试、采集和存储等。

总体监控与报警保护系统:负责设备各功能执行件的协调控制,对监测参数异常情况按规定进行声光报警或自动停车保护处理等。

旋翼气动载荷及附件载荷的加载及控制系统:用于对旋翼加载器和附件加载器进行控制,保证满足主减速器试验件的旋翼工作载荷和附件工作载荷的要求。

尾桨气动载荷及桨距操纵载荷的加载及控制系统:用于对尾桨和桨距综合加载器进行控制,保证尾减速器的尾桨工作载荷及桨距操纵载荷满足试验要求。

整机运转试验设备按其试验功率的流向可以分为功率流开放型和功率流封闭

型,两种类型试验设备原理和特点如下。

1) 功率流开放型试验设备

功率流开放型设备传动结构简单,采用耗能消功装置作为负载对试验件施加扭矩载荷,试验动力消耗大于试验功率,即驱动电机的额定功率必须大于试验功率。其试验功率流传递路径为:动力驱动元件(电动机)、包含试验件的传动链、耗能消功装置,其传动主体原理如图 8.2 所示。其工作原理为电动机通过传动链驱动试验件运转,由耗能消功装置对试验件施加扭矩载荷,使得试验件在要求的转速、扭矩状态下运转试验。

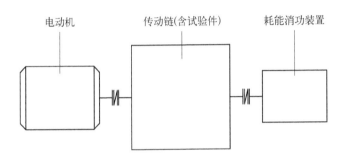

图 8.2　功率流开放型试验器传动原理简图

功率流开放型设备的优点是传动结构简单,设备安装、调心方便。缺点是电力消耗大于试验功率。

2) 功率流封闭型试验设备

功率流封闭型试验设备按其封闭功率的类型又可以分为机械功率封闭、电功率封闭和液压功率封闭三种类型,三种类型设备的动力消耗均小于试验功率,它们的工作原理和特点如下。

机械功率封闭型设备是通过机械零部件的传动(如齿轮副、传动轴、联轴器等"刚性"零件)实现功率封闭的,通常称为硬封闭,其间没有能量类型的转换。机械功率封闭试验设备的传动原理如图 8.3 所示。按图中箭头所示封闭功率流方向,其试验功率流传递路径为封闭齿轮箱、转矩转速传感器、试验齿轮箱、设备齿轮箱、扭矩加载器、弹性轴(或被试传动轴组件)、封闭齿轮箱,如此循环往复。设备工作原理为电机通过驱动控制系统控制驱动设备运转以满足试验转速要求,扭矩加载器通过加载控制系统对试验件施加扭矩载荷,从而保证试验件在要求的转速和扭矩状态下运行试验,改变加载扭矩的方向或改变试验件的转向,封闭功率的流向发生改变。机械功率封闭型设备的优点是节省动力,电机消耗的动力仅用于克服传动链内齿轮副、轴承、联轴器等的摩擦、搅油、风阻等功率损耗,通常消耗的电力为试验功率的 8%~15%。缺点是结构复杂,安装、调心难度大,各部件相连接处的转速必须相等,为此要求封闭回路内的总传动比必须等于 1。

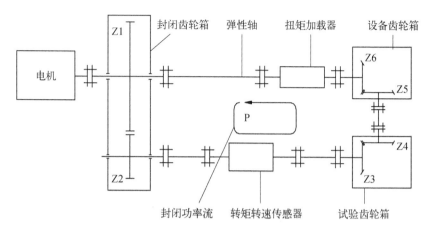

图 8.3 机械功率封闭型设备传动原理简图

电功率封闭型设备是通过电缆传递电力实现功率封闭的,通常称为软封闭,其间存在机械能(试验功率)转换为电能,电能再转换为机械能的转换过程。目前常用的一种电功率封闭试验设备的工作原理如图 8.4 所示。其功率流传递路径为直流母线、逆变器、电动机、齿轮箱、试验件、齿轮箱、发电机、逆变器、直流母线,如此循环往复。该类设备的工作原理是电动机通过驱动控制系统控制驱动设备运转以满足试验转速要求,作为负载的发电机通过加载控制系统控制对试验件施加扭矩载荷,同时发电机的输出电力通过电缆、逆变器等输送到公共直流母线上,再经过逆变器输送给电动机,试验功率得以封闭循环,从而保证试验件在要求的转速和扭矩状态下运行试验。电功率封闭型设备的优点是节省动力,交流电网仅需要补充电功率封闭回路内的各种功率损耗,包括机械传动路线上的功率损耗和两台电动

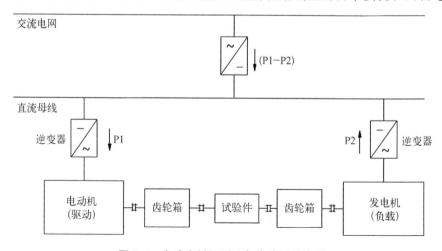

图 8.4 电功率封闭型设备传动原理简图

机的铁损及铜损、逆变器的功率损耗等,一般消耗功率为试验功率的 35% ~ 40%;设备传动结构形式类似于功率流开放式设备,结构简单,设备安装、调心方便,无传动回路内的总传动比必须等于 1 的严格要求。缺点是电功率封闭试验器的电机额定功率必须大于试验功率,而电动机相对机械零件、液压马达和液压泵而言,其功率密度较小,传递同等功率时电动机的体积远大于机械零件和液压马达及液压泵,试验功率越大,电机的额定功率越大,电动机的体积和质量越大,成本越高。

　　液压功率封闭型设备是通过液压管路传递液压能来实现功率封闭的,也是一种软封闭,其间存在机械能(试验功率)转换为液压能,液压能再转换为机械能的转换过程。液压功率封闭型设备的工作原理如图 8.5 所示。其功率流传递路径为:驱动电机+液压马达、设备齿轮箱 1、被试件、设备齿轮箱 2、液压泵、液压能(通过管路传输)、液压马达+驱动电机,如此循环往复。该类设备的工作原理是驱动电机通过驱动控制系统控制驱动设备运转以满足试验转速要求,作为负载的液压泵通过加载控制系统控制其输出压力的大小(功率改变),以对试验件施加扭矩载荷,而液压泵输出的液压能通过液压管路输给前端的液压马达,液压马达与驱动电机一起驱动试验器运行,试验功率得以封闭循环,从而保证试验件在要求的转速和扭矩状态下运行试验。图中调压阀用于调节马达的排量,以改变液压泵的出口压力大小,补油泵用于补充封闭油路中的油液泄漏损失。液压功率封闭型设备的优点是传动结构形式类似于功率流开放式设备,结构简单,设备安装、调心方便,没有传动回路内的总传动比必须严格等于 1 的要求。由于试验功率封闭循环,节省动力,电机消耗功率一般为试验功率的 30% ~ 35%,用于补允传动和功率封闭回路内的机械功率及液压功率损失。此外,液压马达和液压泵的功率密度远大于电机的功率密度,与电功率封闭方案相比,液压封闭方案具有结构紧凑、占地面积小、总体

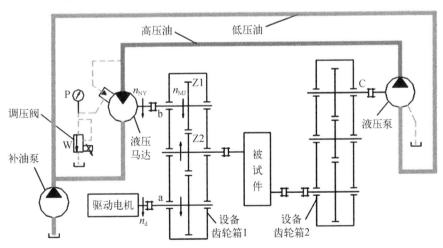

图 8.5　液压功率封闭型设备传动原理简图

质量轻、泵/马达的安装不需要配置大吨位的吊车等优点。缺点是如果液压元件、管路接头等密封质量差,存在油液滴漏/渗漏/泄漏现象,污染现场,维护量大。

上述共介绍了4种类型的试验设备,再配置其他加载装置后(如尾桨综合加载器等),都适用于整机的运转试验。

2. 整机运转试验测试仪器

配备的测试仪器必须保证能得到试验分析以及设备安全运行监控所需的数据、信息,测试仪器稳定、可靠,测试精度满足试验要求。整机运转试验的测试系统主要包括以下组成部分:

（1）转速测量系统;

（2）扭矩测量系统;

（3）主减速器旋翼载荷/尾桨载荷测量系统,主要为力的测量系统;

（4）振动加速度或振动速度测量系统;

（5）位移测量系统(桨矩操纵行程等);

（6）滑油的压力、流量测量系统(主减速器试验),中间减速器和尾减速器自带润滑系统时也应配置压力、流量测量系统;

（7）温度测量系统;

（8）金属屑检测系统。

整机试验的测量参数包括试验参数和保障安全的监控参数。

（1）试验参数,包括时间、转速、扭矩、力、温度、振动加速度或速度、位移(尾减配置),以及滑油的压力、流量;采用液压油泵作为模拟负载装置时,需要测试液压压力和流量。

（2）监控参数,除时间外的试验参数。

8.2.5　典型的整机运转试验

整机运转试验项目较多,不同试验项目的试验目的、试验程序、测试和检查项目等存在差别,限于篇幅,本节仅以减速器 TBO 试验作为典型进行详细介绍。

1. 试验目的

目的是考核减速器的耐久性和可靠性,验证减速器在给定使用功率谱的均方根等效扭矩条件及相应的主旋翼轴载荷(尾减速器则相应的是尾桨轴载荷)条件下,应满足 TBO 的设计要求。

2. 试验件的选取和安装要求

对于正式试验,试验件必须具有充分的代表性,为随机抽取的合格品,并随件附带减速器制造质量的全部资料。对于尾减速器,TBO 试验件必须附带桨距操纵机构(如果有此机构)。

试验件安装过程中应尽可能保证转接件的安装、配合、变形协调等满足要求,以及紧固连接件的拧紧力矩等与减速器试验件在工作时的状态一致。

3. 试验原理和方法

一般减速器翻修间隔期的试验安排在其疲劳试验之后进行。疲劳试验表明，减速器的零部件在寿命期内不出现疲劳断裂，减速器的 TBO 取决于齿轮、轴承表面的耐久性。在此条件下，减速器的 TBO 取决于与齿轮、轴承表面耐久性有关的表面点蚀、微点蚀、剥落等表面疲劳现象，这些现象的出现与发展可通过安装于减速器上的磁性屑末检测器监测。

TBO 能力的验证通过台架试验完成。各齿轮、轴承的验证时数根据所进行的台架试验实际时数及其传递的功率水平按照均立方根功率等效原则折算和累计。

对中间减速器和尾减速器而言，传动结构简单，仅为一级传动，验证对象单一。而对于主减速器，应对主减速器工作状态不同的四条主传动链（单发传动链、双发传动链、尾传动链和附件传动链）分别验证；对双发主减速器而言，由于其左、右发输入传动的结构设计完全对称，功率状态相同，可只对其中任一侧进行验证。按照均立方根功率等效的原则，每一传动链所验证的 TBO 时数为该试验实际试验时数与等效系数的乘积。齿轮的等效系数等于该传动链的试验均立方根功率与使用功率谱的均立方根功率比值的立方。根据轴承的特点，滚子轴承的等效系数是功率比值的 $\dfrac{10}{3}$ 次方，球轴承的等效系数是功率比值的立方。

试验功率谱根据使用功率谱编制，先将使用功率谱中的状态按功率大小进行合并分级，规整出各级功率状态所占的时间比例，然后根据合并规整后的功率谱按加速等效试车原则编制加速等效试验功率谱。加速等效方法是建立在“等效损伤”和“疲劳损伤线性累积”理论基础上的，“等效损伤”是指在试验时间内，零部件损伤的模式、程度及发生的概率与模拟实际使用工况的 1:1 长期试验时出现的损伤相同或相近。“损伤线性累积”是指损伤是可以叠加的，当损伤率的总和达到某个数值时，发生破坏。编制的试验功率谱中需要包括下列要求：

（1）需包括起飞功率状态的试验，且该状态的试验总时间不得少于按使用功率谱试验该状态所占的总时间；

（2）如果使用功率谱中有应急功率状态，则该试验功率谱中需包括该状态的试验，且该状态试验总时间不得少于按使用功率谱试验该状态所占的总时间；

（3）需包括最大连续功率状态的试验；

（4）需考虑使用功率谱中比上述功率更大功率的试验；

（5）若使用功率谱中考虑有一发故障而其他发动机继续工作的状态，则试验功率谱中需要模拟此情况下的试验；

（6）需包括慢车功率状态到起飞功率（或更大的功率）状态，再到慢车功率状态的试验；

(7) 实际试验时间 t 为

$$t = \text{TBO} \times \frac{f}{K} \tag{8.1}$$

式中: t 为 TBO 试验时间,计算公式来源于 GJB 4083—2000《军用直升机减速器加速等效试车要求》;TBO 为减速器翻修间隔期目标值,h; K 为试验功率谱相对使用功率谱的加速等效系数; f 为考虑产品的分散性以及试验条件与使用条件的差异而选用的安全系数(研制期间,在没有更可靠的经验数据来源的情况下,该值可取为 1.5,在批生产质量抽检中该值可取为 1)。

上述 TBO 验证不包括易损件、橡胶件、密封件等外场可更换件。研制过程中齿轮印痕的改进不影响已进行的试验验证结果,试验过程中采用的不影响齿轮、轴承耐久性验证的步骤(如不影响耐久性验证的分解检查)不影响试验的有效性。

在试验验证结束时,所有零部件不得出现影响飞行安全的故障,齿轮齿面不得出现严重的剥落;允许出现微动磨损;允许出现齿轮、轴承表面重载造成的痕迹。对于过载造成的轴承损坏,应根据试验载荷谱及轴承元件的接触状态进行分析。

按本节规定的准则计算减速器齿轮、轴承的验证时数时,验证对象应为同一零部件,若试验中进行了更换,该零件的验证时数应对更换前后分别统计。

4. 合格判定准则

(1) 减速器在规定的转速、载荷条件下运行到规定的试验时间,试验过程中减速器温度、振动正常,试验数据有效;试验过程中,如果发生由设备造成的试验中断,对被试品的考核有效性没有影响,试验数据有效。

(2) 减速器在规定的转速、载荷条件下运行到规定的试验时间,试验结束时工作正常,且分解检查中未发现验证的齿轮、轴承等转动件出现损坏,则减速器的齿轮、轴承等转动件积累了相应的验证时数。则减速器通过了规定的 TBO 能力的验证。

(3) 上述 TBO 验证不包括易损件、橡胶件、密封件等外场可更换件(易损件、橡胶件、密封件在大纲和编制说明中列表说明)。试验过程中采用的不影响齿轮、轴承等转动件耐久性验证的步骤(如定期地中断试验进行检查)不影响试验的有效性。

(4) 在试验验证时间结束时,所有零部件不得出现影响飞行安全的故障,齿轮齿面不得出现剥落,允许出现微动磨损。

(5) 计算减速器齿轮、轴承等转动件的验证时数时,验证对象应为同一零部件,若试验中更换,该零件的验证时数应对更换前后分别统计。对试验过程中零件的更改,应已经过分析或试验,表明不影响齿轮、轴承的耐久性。

8.2.6　试验数据处理

对试验数据进行处理和分析,主要包括转速、载荷(扭矩、力、功率等)、流量、压力、温度、振动加速度或速度、测试精度和试验时间等,试验件的分解检查结果也属于试验数据,需要记录和拍照。整机运转试验数据处理的主要内容如下:

对试验数据的误差进行分析,误差包括系统误差、随机误差和粗大误差,不同误差的处理方法不同。其中,粗大误差是超出规定条件的预计误差,是由不正常的原因造成的,例如,由于传感器性能恶化或引线松动,以及现场电磁干扰或仪器故障等原因引起的异常数据,此类数据可以剔除。

记录和拍照分解检查结果,特别是应对齿轮、轴承和轴等零件的点蚀、剥落、断裂、过热变色发蓝、裂纹、擦伤、刮痕等损伤痕迹拍照,应记录零件的名称、出现的部位、大小/面积、裂纹长度,分析确定出现损伤的时间等。

对试验收集的金属屑进行光谱分析,定位可能产生金属屑脱落的零件类别或可能对象。

试验期间定期对滑油取样进行光谱或铁谱分析,掌握整机的磨损进程和磨损程度。

依据试验程序规定的试验状态,选择对应状态的试验数据,每个状态必须包括试验状态的开始点、中点和结束点的数据,需要绘制曲线图时数据尽可能多。

根据需要,作出试验数据的分布图或曲线图,例如,在效率试验项目中,可以作出减速器在某一转速下,传动效率随着扭矩载荷变化的曲线图,或在某一扭矩载荷状态下,传动效率随着转速变化的曲线图;在中间减速器和尾减速器润滑试验项目中,作出减速器在不同油位和相同试验载荷状态下,滑油温度随时间进程达到温度稳定的过程曲线图等,以对比确定中间减速器和尾减速器的最佳润滑油位。

8.2.7　试验分析与评定

分析试验记录数据,结合试验过程中出现的问题、处理措施和试验后的分解检查情况,以及试验合格判据,对试验结果进行分析、总结,给出正确结论,并在试验报告中如实报告。

整机运转试验合格判据的制定需要依据试验目的、考核目标、减速器的功能、结构特点和组成、积累的经验数据等确定,例如,整机疲劳试验的合格判定准则如下:

齿轮疲劳试验的失效形式为齿轮的轮齿出现裂纹/断齿。试验中出现齿轮的磨损、接触疲劳(点蚀、剥落)、胶合等表面损坏,以及轴承和其他成附件的损坏不影响试验结果的评判。

齿轮出现裂纹之前的试验时数为该齿轮的有效试验时数,对失效的齿轮进行失效分析,如属于正常的疲劳断裂,则可以此试验时数计算该齿轮的疲劳寿命。

试验过程中采取不影响齿轮轮齿疲劳验证的特殊步骤,如定期中断试验进行检查和更换除齿轮之外的其他零部件、使用专门的润滑剂和特殊的冷却系统等,不影响试验的有效性。

主减速器传动链较多,其齿轮按试验大纲规定的各条传动链试验谱完成规定的试验时间后,应对主减速器进行分解检查,齿轮轮齿没有出现裂纹或断裂现象,则认为主减速器该条传动链上的齿轮通过了疲劳试验验证。

试验过程中,若发生由设备原因造成的试验中断,则对被试品的考核有效性没有影响,试验数据有效。

8.3   零部件运转试验

8.3.1   引言

同整机运转试验一样,零部件的运转试验是传动系统研制过程中的重要环节,具有同等重要的地位和作用。

传动系统中需要开展运转试验的主要零部件为柔性(弹性)联轴节、动力传动轴组件、尾传动轴组件和离合器组件等;同样,用于零部件试验的试验件必须具有充分的代表性,为随机抽取的合格品,并具有随件附带的合格证。

零部件运转试验需要模拟的状态参数主要为转速和扭矩;对于被试联轴节还需模拟安装连接角偏差,该角偏差是由工作时因机身受载变形和两连接部件之间安装同轴度误差综合作用引起的;对于离合器还需要模拟其输入和输出轴之间接合/脱开(即传动/超越)的工作过程。

柔性联轴节的类型主要包括叠片联轴节、膜片联轴节和膜盘联轴节等,用于传递转速、扭矩和补偿两个部件之间连接角向、径向和轴向不对中(偏差)。

传动轴类组件包括动力传动轴组件、尾传动轴组件(尾水平轴组件和尾斜轴组件)等,用于传递转速和扭矩。动力传动轴组件往往含有与带有法兰盘、花键的轴集成为一体的膜盘柔性联轴节,或通过紧固件与轴的法兰盘相连接的叠片联轴节等。尾水平轴组件和尾斜轴组件通常由管材和法兰盘及紧固连接件组合连接而成,并与柔性联轴节配套使用。

离合器主要为单向超越型离合器,其类型包括滚子离合器、斜撑离合器、摩擦片式离合器和弹簧离合器等,用于传递转速和扭矩。当离合器的输出转速高于输入转速时,离合器处于超越工作状态,传动被脱开。

在传动系统研制期间,不同的零部件需要开展的运转试验项目不同,主要情况如下。

(1) 柔性联轴节的运转试验项目主要为高循环疲劳试验,目的是考核联轴节在最大工作状态下的耐久性,确定其视情维护、检查的间隔周期。验证联轴的疲劳容限,如果联轴节的疲劳极限高于工作中可能遇到的最大载荷则具有无限寿命。

（2）动力传动轴组件和尾传动轴组件的运转试验项目主要包括临界转速试验、运转试验和高循环疲劳试验。试验项目不同,其试验目的也不同,例如,临界转速试验的目的是验证动力传动轴组件的动力学特性,检查在其工作转速范围内是否存在临界转速。

（3）离合器的运转试验项目包括磨合试验和性能试验,磨合试验的目的是检查离合器的加工和装配质量,并对离合器的旋转零件进行跑合;同时,检查离合器的润滑状况是否正常,并可初步考核离合器的运转性能。性能试验的目的是验证离合器的接通、脱开、超越性能及其结构的完整性,包括静态接合、动态接合、全速超越和差速超越的性能。

8.3.2　试验方法

1. 联轴节试验方法

正式试验前,联轴节应已按要求的连接角偏差安装好。试验时,起动设备电机运转,通过调速系统调节电机转速以满足试验转速要求,通过设备的扭矩加载器及控制系统调节试验扭矩,使得联轴节试验件在规定的转速、扭矩和连接角偏差状态下运转试验。

联轴节的连接角偏差通过调整其连接的两个部件（设备轴承座或齿轮箱等）之间的位置关系实现,一种连接角偏差的测量方法如图 8.6 所示。连接角偏差采用百分表测量,根据测量结果通过公式 $\alpha = \arctan(X/2R)$ 计算可得具体值。实际安装调整时,通常是根据要求的 α 值计算得到要求的轴向跳动值 X,调整至百分表指示值为 X 值时即可。

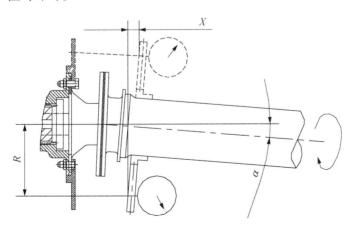

图 8.6　连接角偏差测量示意图

2. 动力传动轴和尾传动轴组件试验方法

试验时,起动试验器电机运转,通过调速系统调节电机转速以满足试验转速要求,通过试验器的扭矩加载器及控制系统调节扭矩载荷,以满足试验扭矩要求,使得动力传动轴试验件在规定的转速、扭矩下运转试验。动力传动轴的花键需要润滑时,设备还应提供相应满足要求的润滑条件,如供油压力和流量。

当传动轴组件试验项目对其安装提出连接角偏差要求时,正式试验前应按要求的连接角偏差安装好。角偏差的调整和测量方法与上述联轴节的方法相同。

3. 离合器试验方法

根据离合器在传动系统中的工作情况,试验器应能够模拟离合器的接合、脱开(超越)、施加扭矩载荷等功能。由于离合器超越运转试验时,其输入、输出轴各自独立运转,因此需要分别采用两台电机通过各自传动系统来分别驱动离合器的输入轴和输出轴运转。图8.7为某型离合器试验原理图,图中主要组成和作用为:离合器安装在试验转接段4内,并按要求配置与离合器实际工作时相当的单独润滑系统9,润滑系统在离合器润滑回油管路上配置有金属屑报警器。离合器的输入轴由前电机1通过前增速器2驱动运转,离合器的输出轴可由后电机6通过后增速器5驱动运转。前电机始终作为电动机使用,后电机既可作为电动机使用(用于驱动输出轴),又可作为发电机使用(用于给离合器加扭矩载荷)。转速转矩传感器3用于测试离合器输入轴的转速和扭矩,离合器的输出转速可以通过后电机的光电编码器测试并考虑后增速器的速比后获得,也可以在离合器输出轴与后增速器之间增设一台转矩转速传感器来实现离合器输出轴转速和扭矩(超越时的摩擦扭矩)的测试。

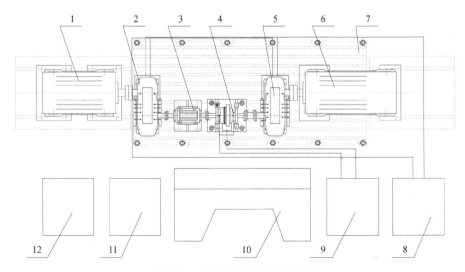

图8.7　连接角偏差测量示意图

1-前电机;2-前增速器;3-转矩转速传感器;4-试验转接段;5-后增速器;6-后电机;7-试验平台;8-设备润滑系统;9-试验件润滑系统;10-操纵台;11-数据测试系统;12-监视系统

离合器的试验方法如下:

静态接合试验时,前电机驱动离合器的输入轴运转,应立即接通输出轴(即静态接合),再使输出轴随输入轴一道在规定的时间内(如 10 s 以内)尽可能快地达到规定转速(即额定转速),稳定运行时间不少于 10 s(时间与试验件相关)。然后关闭输入端电机,使输入端转速在 10 s(时间与试验件相关)内迅速衰减至 0,离合器应脱开。

动态接合试验时,先起动后电机驱动离合器的输出轴在 1.05 倍以上的接合速度运转,再起动前电机使离合器的输入轴按接合速度(一般为额定转速的 38.5%、50%、77%)运转,然后切断后电机的动力电源,离合器的输出轴转速将逐步降低,当降低到与输入轴转速相同并不再降低转速时,表明离合器已动态接通。

全速超越试验时,离合器输入端处于静止状态,起动后电机,使离合器输出端在规定状态的转速(额定转速和自旋下滑对应的转速)下运转,达到规定转速后开始计时,每隔一定的时间间隔(如 30 min)测量并记录进油压力、进油温度、回油温度和离合器阻力矩。该试验是为了验证离合器的持久超越工作性能及确定离合器的磨损特性。

差速超越试验时,起动后电机,使离合器输出端在规定状态的转速(例如额定转速)下运转,再起动前电机使输入端在规定状态的速度(50%、67% 和 75% 的额定速度)下运转,达到规定转速后开始计时,每隔一定的时间(如 15 min)测量并记录讲油压力,进、回油温度和离合器阻力矩。该试验是为了验证离合器的持久超越工作性能及确定离合器的磨损特性。

8.3.3　试验转接段设计

零部件运转试验转接段设计包括转接段的结构设计、动力学设计和强度校核,同时应设计相应的安全保护装置。

1. 结构设计

在零部件试验中,应模拟试验件的真实边界条件。例如,与试验件相连的转接件的安装方式和安装精度要求、配合要求、变形协调要求、拧紧力矩等。

对于离合器试验件,其支承方式应与型号设计情况相同,支承轴承的精度与型号一致。

对于柔性联轴节试验件,转接段设计时应考虑安装偏角的调整方案和结构。

对于处于高速轻载工作状态的旋转件,其支承设计时应考虑对轴承的轻载、中载或重载预紧,避免出现轻载打滑损坏高速轴承的问题。

2. 动力学设计

完成结构设计的转接段,应结合试验器安装条件,进行轴系动力特性计算,确保在试验转速范围内没有危险的临界转速,最大工作转速的 ±20% 转速范围内没有临界转速。

3. 强度校核

完成结构设计的转接段,应进行强度校核,确认与试验件连接的其他零部件的强度裕度高于试验件的强度裕度。

4. 安全保护装置设计

如果试验扭矩与试验器的原有超扭保护值偏离较大,则需要专门设计超扭剪切保护装置,以及防止旋转件破裂飞逸造成设备和人员损伤的安全防护罩。

8.3.4 试验设备与测试仪器

1. 零部件运转试验设备

8.2.4 节介绍的 4 种类型试验设备适用于柔性(弹性)联轴节、动力传动轴组件、尾传动轴组件的试验。离合器超越运转试验时,其输入、输出轴需要各自独立运转,因此只有电功率封闭类型的试验设备适用于离合器的试验,具体见 8.3.2 节"3. 离合器试验方法"所述。

2. 零部件运转试验测试仪器

配备的测试仪器必须保证能得到试验分析以及设备安全运行监控所需的数据、信息,测试仪器必须稳定、可靠,测试精度满足试验要求。零部件运转试验的测试系统主要包括以下组成部分:

(1)转速测量系统;

(2)扭矩测量系统;

(3)振动加速度测量系统;

(4)振动位移、振动相位测量系统(传动轴组件临界转速试验);

(5)滑油的压力、温度、流量测量系统(离合器试验或带花键动力传动轴的试验),必要时包括金属屑测量系统。

零部件运转试验的测试参数包括试验参数和保障安全的监控参数。

(1)试验参数:时间、转速、扭矩、角偏差、振动位移、振动加速度,以及滑油的温度、压力、流量等。

(2)监控参数:除时间外的试验参数。

8.3.5 典型零部件运转试验

零部件运转试验项目很多,限于篇幅,本节仅以尾斜轴组件的临界转速试验作为重点进行介绍。

1. 试验目的

目的是验证尾斜轴组件的动力学特性,检查在其工作转速范围内是否存在临界转速。

2. 试验件的选取和安装要求

试验件必须具有充分的代表性,为随机抽取的合格品。并具有随件附带的合格证。

尽量模拟尾斜轴在直升机上的实际安装情况,例如,可以安排中间减速器、尾减速器、尾斜轴及两端的柔性联轴节、相应的紧固件一同参与临界转速试验;安装时应满足连接同轴度要求,安装紧固拧紧力矩要求等。

3. 试验原理和方法

轴的临界转速通用的试验方法:在试验中通过非接触式位移传感器(如电涡流传感器或激光位移传感器)和动态分析仪(如 VP41 型)配合对传动轴组件的振动位移信号的幅频、相频特性进行实时跟踪测量和分析,并绘制位移-转速曲线和相位-转速曲线,以分析、判断在运行过程中试验件是否处于、不存在或越过了临界转速。

为获得尾斜轴的振型,沿尾斜轴的长度方向在 $2L/5$、$L/2$、$3L/5$ 三个截面处测试轴的水平和垂直振动位移(L=尾斜轴的全长),依据测量的三个位移在表征尾斜轴的长度-位移坐标中绘图并平滑连接各位移点,可得到尾斜轴的振型曲线。

完成安装后,正式进行试验前,在静态下通过敲击尾斜轴激励振动测试尾斜轴的固有频率,以初步了解尾斜轴的临界转速粗略值,指导临界转速试验。

为保证试验件的安全,应规定试验时尾斜轴允许的最大振动位移值,非常接近或超过该位移值时应立即停止试验,以避免试验件弯曲应力超限造成塑性变形或断裂等损坏。

4. 合格判定准则

在规定的转速条件下完成了试验,未出现临界转速,且在最大工作转速(120% 额定工作转速)条件下的临界转速裕度值不低于 10%,则判断通过了临界转速试验考核。

8.3.6　试验数据处理

对试验数据进行处理和分析,主要包括转速、扭矩、振动加速度或速度、试验时间等,对于传动轴组件还有振动位移和相位,对于离合器还有滑油的流量、压力、温度等。试验件的分解检查结果也属于"试验数据",需要记录和拍照。零部件运转试验数据处理的主要内容如下。

对试验数据的误差进行分析,剔除由于传感器性能恶化或引线松动,以及现场电磁干扰或仪器故障等原因引起的异常数据。

记录和拍照分解检查结果,对于柔性联轴节应对出现裂纹的部位拍照,量取裂纹的长度,记录裂纹的数量,分析确定出现裂纹的时间等;对于传动轴组件,应对出现裂纹或断裂的部位拍照,量取裂纹的长度,对动力传动轴花键出现的磨损、点蚀、断齿或出现裂纹的情况拍照,分析确定出现损伤的对应时间等;对离合器应对滚子、跑道等出现磨损、点蚀等的情况拍照,分析确定出现损伤的对应时间等。

对于离合器的试验,对试验收集的金属屑进行光谱分析,定位可能产生金属屑脱落的零件类别或可能对象;试验期间定期对滑油取样进行光谱或铁谱分析,掌握离合器的磨损进程和磨损程度。

依据试验程序规定的试验状态,选择对应状态的试验数据,每个状态必须包括试验状态的开始点、中点和结束点的数据,需要绘制曲线图时数据应尽可能多。

对于传动轴组件的试验,根据测量的振动位移和相位,分析判断是否存在临界转速,根据沿轴长测量的振动位移数据,绘制相应的位移图,分析判断传动轴组件的振型。

8.3.7   试验分析与评定

分析试验记录数据,结合试验过程中出现的问题、处理措施和试验后的分解检查情况,以及试验合格判据,对试验结果进行分析、总结,得出正确结论,并在试验报告中如实记录。

零部件运转试验合格判据的制定需要依据试验目的、考核目标、零部件的功能、结构特点和组成、积累的经验数据等确定,例如,柔性联轴节高循环疲劳试验合格判定准则如下:

按规定的试验程序完成规定时间的试验,叠片联轴节合格判定准则为联轴节出现裂纹的叠片数量在规定的损伤容限范围内;膜片联轴节和膜盘联轴节的合格判定准则为没有出现裂纹。

8.4   直升机传动系统零部件静强度试验

8.4.1   引言

传动系统是直升机的三大关键动部件之一,其作用是将发动机的输出功率和输出转速按一定的比例传递到主旋翼、尾桨和各附件,同时承受发动机、旋翼和尾桨的复杂载荷。根据 GJB 720.6A—2012《军用直升机强度规范 第 6 部分:地面试验》、GJB 2350—95《直升机传动系统通用规范》和《运输类旋翼航空器适航规定》(CCAR - 29 - R1),必须对传动系统的关键零部件进行静强度考核试验,验证其在最大载荷状态下的静强度是否满足研制要求。

传动系统零部件静强度试验的目的在于:① 确定结构件在一定静载荷作用下的应力分布和变形情况;② 确定结构件的刚度和稳定性;③ 确定结构件的承载能力;④ 验证理论分析和计算方法的可靠性。此外,还可以通过静强度试验掌握结构(主要是轴承支座处)在工作载荷下的变形情况,验证载荷传递路线和应力是否和预定的一致,并找出结构设计中的薄弱环节。因此,静强度试验项目包括应力分布试验、刚度试验、屈服强度试验、极限强度试验和屈曲稳定性试验等。

根据设计要求的不同,试验要达到的目的也各不相同:

(1)检验性试验,考核零件的强度、稳定性是否满足设计的安全裕度;

(2)研究性试验,验证应力、变形及稳定性的理论计算结果,验证新的结构强度计算方法、新设计结构的合理性,了解新材料的品质以及新工艺的特性等。

试验结果作为重要的经验积累为改进改型设计提供重要的参考依据。

1. 试验件

直升机传动系统零部件静强度试验对象如下:

(1)主减速器、中间减速器、尾减速器主承力机匣及安装于其上的传扭构件;

(2)离合器;

(3)发动机安装万向节及轴套等承受发动机支承反作用力的构件(验证包括在坠毁状态及叶片丢失等极端情况下的静强度);

(4)旋翼、尾桨操纵构件,如助力器支座(验证包括在设计规定的最大操纵力下的静强度);

(5)动力传动轴及尾传动轴。

零部件静强度试验是对零部件设计、加工质量及材料品质的全面考核,试验件必须满足下列要求:

(1)试验件必须是经过尺寸检验的合格件,焊接件、铸造件均需经过 X 射线检查,证明焊接或铸造质量合格;

(2)对于某些超差零件,经过分析认为不影响试验结果或者其超差反而有利于提高试验结果的可靠度,这类超差件可作为试验件,但需征得设计部门和用户的同意;

(3)对于正式试验,试验件必须具有充分的代表性,为随机抽取的合格品。并随件附带可用作静强度试验件的质量证明文件,如合格证等。

2. 试验载荷

根据国军标 GJB 720.6A—2012《军用直升机强度规范　第 6 部分:地面试验》的要求,试验件应在屈服载荷下无有害的结构变形,在极限载荷下不出现断裂(或出现明显的裂纹)。因此,根据限制载荷(正常工作时出现的最大载荷,也叫使用载荷)可确定相关的试验载荷。

$$屈服载荷\ F_q = F \times 1.15 \quad (F\ 为限制载荷) \qquad (8.2)$$

$$极限载荷\ F_p = F \times 1.5 \quad (F\ 为限制载荷) \qquad (8.3)$$

根据《运输类旋翼航空器适航规定》(CCAR - 29 - R1)第 29.621 条铸件系数

的要求,考虑铸件系数 K_z 后得到相应的实际试验失效载荷:

$$失效载荷 1 = F \times K_z \times 1.5 = F \times 1.875 \quad (K_z 取 1.25, 子样数为 3 件)$$

(8.4)

$$失效载荷 2 = F \times K_z \times 1.5 = F \times 2.25 \quad (K_z 取 1.5, 子样数为 1 件)$$

(8.5)

3. 静强度试验一般要求

在静强度试验中,应逐步增加载荷,分级加至屈服载荷(115%限制载荷)、极限载荷(150%限制载荷,对铸件应再考虑铸件系数),在设备条件允许的情况下应加至破坏载荷。

对于操纵系统安装部件、接头、凸耳等零部件,当用其他试验不能验证设计强度的符合性时,试验载荷应施加到破坏载荷。对于操纵系统的传力构件,试验载荷应包括临界的周期变距操纵、总距操纵和尾桨操纵状态,并试验到破坏。

静强度试验设备应能模拟由所有临界飞行状态和地面操作状态引起的最大载荷。试验载荷的大小、分布和加载程序应尽可能准确地再现实际的载荷分布。在不影响强度、刚度、质量特征和载荷传递的条件下,试验中允许使用假件或试验夹具。应当合理选择加载夹具的位置,选择承力点和加载点,以保证剪切、弯曲和扭转应力分布与实际受力状况下的应力分布相符,避免局部超载。

静强度试验应以不超过限制载荷的 10% 或以极限载荷的 6.7% 的增量逐渐加载。为及时发现结构的破坏,在每次试验载荷增量施加完成后,应对结构进行检查。

静强度试验的载荷一般只能根据分析确定,不能充分验证在直升机设计飞行包线内所有条件下结构的合理性。因此,还应进行临界飞行情况的结构验证和飞行载荷实测,并将实际载荷与试验载荷对比。

按充分再现载荷传递路线和应力的原则,在试验件上合适位置粘贴应变计。

在各载荷增量施加完成时记录载荷、应变以及位移数据:

(1)加载执行机构上测量的载荷;

(2)各载荷增量对应的各应变计的应变值;

(3)各载荷增量对应的位移值。

8.4.2 试验方法

直升机传动系统零部件静强度试验方法与发动机零部件静强度试验方法基本相同,均通过设计专用的试验装置,模拟试验件的工作边界条件。将试验装置安装到试验台架上,根据试验要求的载荷工况,在试验装置规定的部位布置相应的液压加载执行机构。试验中,由液压油源系统为液压加载执行机构提供工作压力,通过多通道协调加载控制系统来自动控制各通道液压加载执行机构施加所需的试验载荷,采用应变测试与分析系统来监测试验件表面各重要部位的应变。试验后,通过试验数据以及尺寸计量结果来综合验证试验件是否满足设计要求,如图 8.8 所示。

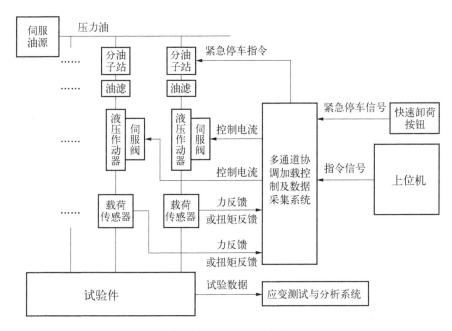

图 8.8　零部件静强度试验方法示意图

多通道协调加载控制及数据采集系统给各个液压伺服作动器发布动作指令,该指令与载荷传感器的反馈信号在多通道协调加载控制及数据采集系统内构成前置控制闭环,上位机向多通道协调加载控制及数据采集系统前置闭环发出载荷指令并在运行中修正其指令以保证最终载荷施加的准确性。

8.4.3　试验转接段设计

试验转接段的设计需要模拟试验件的边界条件。尽量模拟试验件的实际支承结构、与相邻零件的连接方式、配合要求、变形协调要求以及拧紧力矩等,与实际工况保持一致。转接段主要设计原则如下:

(1) 与试验件相连的部分如果未用航件(装机件),应参照航件设计,其结构与航件有较大差别时,应进行有限元应力分析,与实际的边界条件进行比较;

(2) 装拆方便,可达性好,以便分解检查;各加载回路的加载杆都必须是二力杆,以防止产生附加载荷,尽量消除各加载杆两端关节轴承的间隙以减少冲击;

(3) 完成结构设计的转接段,应进行强度校核,确保与试验件连接的其他零部件的强度裕度满足试验需要,同时不影响试验件的应力分布,即试验件在实际工况和试验状态下的应力水平相当。

8.4.4　试验设备和测试仪器

1. 试验设备

直升机传动系统零部件静强度试验采用目前国际上通用的多通道协调加载试验技术,该试验技术具有自控化程度高、加载精度高、安全性能好等特点,能对构件进行多点协调加载,且能对载荷、位移、应变等参数进行全程实时监控和闭环控制。其试验系统主要组成部分包括多通道协调加载控制及数据采集系统、应力测试与分析系统、液压油源系统(含供油子站)、液压加载执行机构、机械支承系统、基础平台和摄像记录监视系统等,如图 8.9 所示。

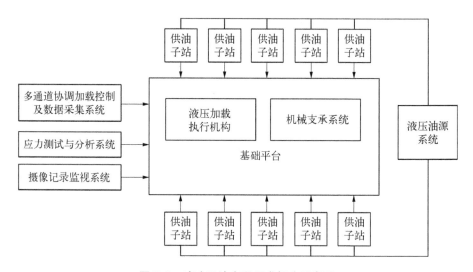

图 8.9　试验系统主要组成部分示意图

多通道协调加载控制及数据采集系统的主要功能是采用闭环反馈方式来控制各个通道的载荷(或位移),补偿载荷(或位移)的峰谷值,协调载荷(或位移)之间的相位关系,并在载荷(或位移)超限时立即响应保护动作。

应力测试与分析系统的主要功能是用于结构强度试验中的应变测试与分析,它具有采样数据连续记录、实时时域分析(计算最大值、最小值、平均值、均方差、曲线拟合等)和频域分析(幅值谱计算、功率谱计算、相关计算、相干分析、传递函数分析)等功能,所有处理功能都可供实时、回放分析使用。

液压油源系统的作用是通过恒压变量泵为试验系统提供稳定的油压(总压);供油子站的功能是可以根据需要给不同加载点上的液压作动器分配不同的供油压力(即二次压力),并且为各加载点进行液压隔离,使其互不影响,同时它可以起到稳定压力、消除脉动、进一步提高油液清洁度的作用,确保加载精度、可靠性和安全性。

液压加载执行机构主要由液压伺服作动器、力传感器、位移传感器和电液伺服阀等组成,其主要功能是接受多通道协调加载控制及数据采集系统发出的动作指令,该指令与力传感器(或位移传感器)的反馈信号在多通道协调加载控制及数据采集系统内构成前置控制闭环。

机械支承系统主要用于约束试验件并支撑液压伺服作动器等加载元件,由各种尺寸不等的梁组合而成。

基础平台主要功能是为结构件强度试验提供强度足够、刚性好的试验基础,可以采用多块面积小的平台拼接组合而成。

摄像记录监视系统由移动摄像头、配套的转换器、液晶显示器、支架等组成,其主要功能是对试验过程进行全貌和局部特写观察,并进行图像记录,同时可随时回放记录的图像,这样便于试验人员及时地掌握试验件在试验过程中发生突发事件的实际情况,在试验件出现故障后,通过对记录图像的回放和处理,有助于了解与分析试件受损过程情况,为查找受损原因提供相关资料,进而帮助技术人员快速而准确地分析出故障原因。

2. 测试仪器

直升机传动系统零部件静强度试验中常使用的测试仪器如下:

(1)载荷测量系统(测量力、扭矩等);

(2)位移测量系统(测量直线位移与角位移等);

(3)应变测量系统;

(4)温度测量系统(当试验件有加温要求配置或启用)。

8.4.5 试验流程

1. 试验前准备

(1)检查试验件的合格证等质量证明文件,确认试验件的质量证明文件齐全、有效。

(2)在试验件上规定位置粘贴合适的应变计。

(3)检查试验用的传感器与相关仪器仪表,确认其合格有效。

2. 试验安装

参照设计图样进行试验件的装配;将系统校准合格的载荷传感器(包括力传感器与扭矩传感器)和位移传感器接入控制系统;将应变计接入测试系统进行应变监测。

3. 试验调试及预加载

设置好所有试验参数,在低压状态下调整试验系统使之运行正常,然后调节好各通道试验油压,按照试验大纲规定的预加载载荷表进行试验调试与预加载,确保多通道协调加载控制通道正常,加载精度在以内,同时消除安装间隙,确保试验相关仪器、仪表等设备工作正常并调整试验加载系统及测试系统进入正常工作状态。

4. 试验前评审

按需进行,主要审查试验件技术状态、试验安装与调试情况、试验安全措施、试验风险与对策等。

5. 正式试验

按照试验大纲规定的加载载荷表进行试验,在每级载荷稳定后采集应变数据、记录相关位移数据和支反力。

6. 试验后检查

对试验件进行目视检查和无损检测,视情进行断口分析、金相检查和尺寸检查,并将数据记录在试验数据文件中。

8.4.6　试验数据处理

1. 数据处理

试验后对记录的在各级载荷稳定时的应变数据进行分析,并绘制载荷-应变曲线图。

试验后将各级载荷稳定时的载荷施加的实际值与理论值进行对比分析,计算加载误差。

2. 误差分析

误差分析的目的主要是检查所加载荷的误差是否在允许的范围内,通过误差分析找出影响误差大小的主要环节,然后加以排除或修正,从而保证试验载荷及试验结果的精度要求。

试验载荷误差由加载误差 E_L 和载荷测量误差 E_M 两部分组成。

试验载荷误差 E 由加载误差 E_L 和载荷测量误差 E_M 的平方和综合求得。

$$E = \sqrt{(E_L^2 + E_M^2)} \tag{8.6}$$

8.4.7　试验分析与评定

(1) 通过屈服载荷考核,试验件不出现有害的结构变形。

(2) 通过极限载荷考核,试验件不出现破坏。

(3) 对于铸造试验件,通过失效载荷*考核,试验件不出现破坏。

　　＊ 失效载荷与试验件件数相关。若试验件为1件,则需通过225%限制载荷(1.5倍安全系数×1.5倍铸件系数)考核;若试验件为3件,则3件试验件均需通过187.5%限制载荷(1.5倍安全系数×1.25倍铸件系数)考核。

8.5　直升机传动系统零部件寿命试验

8.5.1　引言

根据 GJB 720. 6A—2012《军用直升机强度规范　第 6 部分：地面试验》、GJB 2350—95《直升机传动系统通用规范》和《运输类旋翼航空器适航规定》(CCAR‐29‐R1)的规定,必须对传动系统的关键零部件进行寿命试验考核,获得其安全使用寿命。

直升机传动系统的零部件的结构强度是根据其静强度的安全裕度与安全使用寿命共同确定的,除经可靠的分析确有足够的安全裕度(>3)外,均应通过疲劳试验验证其疲劳强度,对这些零部件的合格鉴定,包括确定其使用寿命,或验证可接受的破损安全特性。

直升机传动系统零部件寿命试验的目的可以概括为：① 验证采用材料的疲劳特性来代表零部件疲劳特性有何不足和如何修正；② 掌握工艺方法或加工质量对零部件疲劳特性的影响；③ 确定零部件在复杂载荷谱作用下的安全使用寿命；④ 确定疲劳敏感区和疲劳裂纹出现的顺序,为使用中的监控制定检查和维护条例。

目前,传动系统多数零部件的疲劳验证按安全寿命准则进行,有的零部件(如柔性联轴节)按疲劳容限准则进行,有的零部件(如复合材料构件)采用损伤容限准则或安全寿命与损伤容限相结合等准则。因此,寿命试验按试验目的可分为高循环疲劳试验、低循环疲劳试验和损伤容限试验,前两类试验的目的是发现在预计使用寿命内直升机传动系统零部件可能发生疲劳破坏的部位和确定零部件的安全使用寿命,后者的目的在于测定裂纹扩展的速率和零部件的残余强度,从而为确定零部件的安全使用寿命和制定检查维护条例提供试验依据。

(1) 高循环疲劳试验：用于评估构件的疲劳极限和确定 S‐N 曲线。

(2) 低循环疲劳试验：用于确定构件的低循环疲劳寿命。

(3) 损伤容限试验：随着损伤容限安全寿命设计方法的引入,若有必要和可能,应当进行零部件损伤容限的试验研究,在试验件上预先制造缺陷,模拟的缺陷应尽量代表制造和使用中可能产生的缺陷。

1. 试验件

(1) 直升机传动系统零部件疲劳试验对象为承受交变载荷的结构件,包括：① 主传动齿轮；② 主、中、尾减速器主承力机匣及安装在其上的传力构件(如主减速器撑杆凸耳、传扭转接盘)；③ 离合器；④ 发动机安装万向节及轴套等承受发动机支承反作用力的构件；⑤ 旋翼、尾桨操纵构件,如助力器支座、扭力臂、防扭臂、自动倾斜器导筒、尾桨桨距操纵杆、操纵摇臂支座；⑥ 动力传动轴及尾传动轴(包括联轴节)。

(2) 直升机传动系统寿命试验的试验件应是具有强度意义的、完整的全尺寸结构,应具有批生产的结构和质量。此外,对陪试件的简化也应十分慎重。对可能引起应力集中或局部载荷变化的因素不容忽略("具有强度意义的、完整的全尺寸结构",指的是与试验件相连的陪试件可以用假件代替,有的结构和设备可以不装,允许根据试验本身的要求对结构局部修改,但是不得影响试验件的疲劳特性)。

2. 试验载荷

试验载荷的数值和分布应以飞行载荷的测量为基础,试验中的载荷分布应在所有飞行载荷状态中最有代表性。研制初期,由于尚未完成飞行载荷实测,可先根据计算载荷或类似机种的数据进行疲劳试验。

低循环疲劳载荷一般取为地—空—地循环的最大载荷。

高循环疲劳试验载荷取值与其实际承受的载荷无确定关系,载荷确定原则如下。

(1) 载荷的平均值: 必要且试验条件允许时,应取为使用中最有代表性的,或偏保守的平均载荷(应力)值。

(2) 载荷的交变值: 对旋翼轴、主承力机匣等试验加载频率较低的大型构件,试验载荷(应力)的值应尽可能使结构在$(0.4 \sim 1.0) \times 10^6$次循环失效,对助力器支座等试验加载频率可取较高值的构件,应尽可能使结构在10^6循环以上直至10^7循环失效。

若无破坏发生,通常疲劳试验进行至10^7循环为止。若确认与试验的破坏模式无关,非疲劳原因引起的试验终止可以从试验数据中舍去,否则应作为试验数据予以考虑。

在试验过程中应允许对试验载荷进行调整,以便较准确地评估疲劳特性。一般来说,当试验载荷循环数大于10^6而结构尚未失效时,可将试验载荷增大一级;当试验载荷循环数小于0.2×10^6就发生结构失效时,应对(下一试件的)试验载荷减小一级,并依此类推。增大的载荷级差原则上应使上一级载荷足以预估试验结果构成疲劳损伤;减小的载荷级差原则上应使结构在该级载荷作用下失效时对应的循环数不小于0.2×10^6。一般情况下,对金属结构的载荷增、减幅度为$10\% \sim 20\%$,对破坏部位为有擦蚀的结构原则上取20%,破坏部位无擦蚀的原则上取10%;对复合材料的增减幅度一般不大于10%。

为保证试验结果的准确性,疲劳试验的加载频率应在正常工作频率的10倍以内。在选择层压和胶接结构的加载频率时,应当注意不会因为温度升得过高而引起胶接处过早破坏。

对承受复合载荷的部件,可先选定一个具有代表意义的交变载荷类型作为疲劳试验表征载荷,但必须重视各载荷间的比例。旋翼轴疲劳试验,可选取弯矩载荷作为表征载荷。对发动机安装万向节等较难选择表征载荷的构件,在缺乏实测载荷的情况下,可根据不同状态的计算载荷比来拟合确定轴向力、扭矩载荷与弯矩载荷的比值,从而确定表征载荷。如空中客车直升机公司对 SA365"海豚"的处理方式:将万向节中心点的轴向力与剪力合成,选择最常用和损伤最大状态的合力(包括量值与方向)作为表征载荷。

3. 寿命计算公式

(1) 高循环疲劳试验是模拟零部件在机动或巡航飞行过程中的承载状况(一般取最大工作载荷),通过施加高循环疲劳试验载荷开展疲劳试验,得到该零部件的 $S-N$ 曲线,再根据飞行载荷谱结合 Miner 累积损伤法则来确定其高循环寿命,该方法包含三个基本内容: $S-N$ 曲线、载荷谱、Miner 累积损伤准则。

① $S-N$ 曲线。

金属材料的平均 S/N 曲线形状为

$$S/S_\infty = 1 + A/N^\alpha \tag{8.7}$$

式中: S_∞ 为材料的疲劳极限(对应无限循环数); A 和 α 取决于材料的种类以及擦蚀情况。其中, S 和 S_∞ 是广义的应力,可以是第一主应力、当量应力,也可以是弯矩、扭矩、轴向力等载荷,它们只针对监测部位。

② 载荷谱。

载荷谱针对危险部位来确定。危险部位一般选择静强度分析和试验中应力较高的区域,包括对疲劳载荷较敏感的部位(如因形状变化较大而出现应力集中的地方)。危险部位的平均应力和交变应力由载荷交变周期内的最大应力和最小应力得出。其中:

$$(平均应力)\sigma_m = (S_{max} + S_{min})/2 \tag{8.8}$$

$$(交变应力)\sigma_a = (S_{max} - S_{min})/2 \tag{8.9}$$

在确定应力循环的交变应力和平均应力后,就需要确定应力循环的次数。在载荷谱文件中,一般会给出载荷的频次或者循环数。

③ Miner 累积损伤准则。

有了零件的 $S-N$ 曲线和载荷谱,就可以利用 Miner 累积损伤准则计算零件使用寿命 L。

$$L = \frac{1}{\sum \dfrac{n_i}{N_i}} \tag{8.10}$$

式中: n_i 为应力循环数; N_i 为循环寿命。

(2) 低循环疲劳试验是模拟零部件在"地—空—地"标准循环的承载形式,施加机动载荷,考核其使用寿命。

低循环疲劳寿命的计算公式为

$$N_\sigma = N/(n \times A) \tag{8.11}$$

式中: N_σ 为疲劳寿命; n 为每飞行小时的地—空—地循环数; N 为试验循环数; A 为部件的寿命缩减系数(与试验件的数量有关)。

4. 失效(破坏)准则

直升机传动系统零部件疲劳试验的失效准则如下。

(1) 金属材料结构:试验件考核部位结构开裂。

(2) 复合材料结构:试验件结构刚度下降,或结构开裂。刚度下降的临界值应根据结构设计的强度和刚度要求确定。

8.5.2 试验方法

直升机传动系统零部件疲劳试验方法与静强度试验方法大致相同,在静强度试验方法的基础上,直升机传动系统零部件寿命试验还需关注以下几个方面:

(1) 应根据直升机实际工况确定各载荷之间的相互相位关系;

(2) 不同量级载荷之间的相互干涉相当于变相地增大了试验系统的增益,且局部载荷的不平衡极易诱发出现试验系统的高频干扰(如激振);

(3) 采用合适的止扭技术,防止出现止扭装置与试验件变形不协调而造成载荷施加不准确的问题;

(4) 定期检查试验件在试验台架上的安装情况(包括紧固件数量及拧紧力矩);

(5) 实时监控并记录试验载荷施加数据及加载曲线;

(6) 实时记录反映试验件状态的监控参数(如应变、位移等),对于重要参数应实时显示变化曲线;

(7) 正确安装试验件,确保无过大的安装应力;

(8) 试验前设置完善的试验保护措施,如载荷上下限超限保护、位移超限保护、机械限位保护和实际载荷与给定载荷偏离监控等;

(9) 为摸清各类试验载荷对试验件应力状况的影响情况,在正式试验前视情开展如轴向力、扭矩、弯矩及剪力等载荷标定,并将标定结果与计算结果进行对比分析,确保试验加载方式的正确性。

8.5.3 试验转接段设计

试验转接段的设计需要模拟试验件的边界条件。尽量模拟试验件的实际支承结构、与相邻零件的连接方式、配合要求、变形协调要求以及拧紧力矩等,与实际工况保持一致,同时要综合考虑安装配合要求以便于施加各类载荷(包括载荷相位关系)。转接段主要设计原则如下:

(1) 与试验件相连的部分如果未用航件,应参照航件设计,其结构与航件有较大差别时,应进行有限元应力分析,与实际的边界条件进行比较;

(2) 装拆方便,可达性好,以便分解检查;

(3) 各加载回路的加载杆都必须是二力杆,以防止产生附加载荷,尽量消除各关节轴承的间隙以减少冲击;

(4) 完成结构设计的转接段,应进行强度校核,确保与试验件连接的其他零部件的寿命满足试验需要,同时不影响试验件的应力分布,即试验件在实际工况和试验状态下的应力水平相当;

(5) 相位关系不一致的载荷应分别设计独立的加载通道。

8.5.4　试验流程

1. 试验前准备

(1) 检查试验件的合格证与超差单质量文件,确认试验件的质量文件齐全、有效。

(2) 在试验件上规定位置粘贴相应型号的应变计。

(3) 检查试验用的传感器与相关仪器仪表,确认其合格有效。

2. 试验安装

按照设计图样进行试验件的装配;将系统校准合格的载荷传感器(包括力传感器与扭矩传感器)和位移传感器接入控制系统;将应变计接入测试系统进行应变监测。

3. 试验调试及预加载

设置好所有试验参数,在低压状态下调整试验系统运行正常,然后调节好各通道试验油压,按照试验载荷的 40% 进行试验调试与预加载,确保多通道协调加载控制通道正常,加载精度在 ±5%F.S.(满量程误差)以内,同时消除安装间隙,确保试验相关仪器、仪表等设备工作正常并调整试验加载系统及测试系统进入正常工作状态。

4. 试验前评审

按需进行,主要审查试验件技术状态、试验安装与调试情况、试验安全措施、试验风险与对策等。

5. 正式试验

按照试验大纲规定的试验载荷谱进行试验,试验过程中每完成规定循环数记录试验数据(载荷、位移、应变等)。

6. 试验后检查

对试验件进行目视检查和无损检测,视情进行断口分析、金相检查和尺寸检查,并将数据记录在试验数据文件中。

8.5.5　试验数据处理

（1）试验后,目视检查及无损检测（磁粉检查或荧光探伤检查）试验件,若无裂纹则完成试验的循环数有效。

（2）若试验件出现裂纹,则复查有关应变数据;若相关区域应变出现了明显变化,则以应变数据开始出现明显变化时的循环数为试验的有效循环数。

（3）试验过程中,若发生设备原因造成的试验中断,则根据具体情况,对试验数据的有效性进行分析和处理。

8.5.6　试验分析与评定

按规定的程序和试验件数量完成试验后,如果计算安全寿命满足设计所规定的寿命要求,则试验件通过了疲劳试验考核。

参考文献

国防科学技术工业委员会,1995.直升机传动系统通用规范:GJB 2350—95[S].北京:中航工业综合技术研究所.

廖学军,2012.四参数名义应力定寿方法[R].株洲:中国航发湖南动力机械研究所.

宁向荣,2014.意大利 AGUSTA 疲劳验证的思路[R].株洲:中国航发湖南动力机械研究所.

吴森,1992.结构试验基础[M].北京:航空工业出版社.

薛同博,2016.直升机传动系统设计手册（第6篇）[R].株洲:中国航发湖南动力机械研究所.

中国人民解放军总装备部,2012.军用直升机强度规范　第6部分:地面试验:GJB 720.6A—2012[S].北京:总装备部军标出版发行部.

第9章
应力应变测试

9.1 概 述

航空发动机许多零件和部件,在设计和使用中都会遇到各种强度和振动问题,需要进行应力分析,以检验其强度的可靠性或考核其寿命。目前,虽然理论计算方法日趋完善,但是由于发动机的实际工作情况十分复杂,零件的型面也很不规律,因而有许多零件的应力问题。采用一般的理论计算方法得不到满意的结果,所以需要采用试验方法来进行研究。

对于发动机中某些旋转零件,如叶片、轮盘和轴等,目前都设计得十分轻薄,材料的使用应力很高,安全系数较小,而且工作状态比较复杂,理论计算会带来一定的误差,因此旋转件的应力测量与分析显得特别重要。

随着航空发动机使用寿命的不断延长,有些零件还需要进行寿命的考核与延寿试验等,通常也属于零件应力试验范围以内的研究项目。

零件应力测量的方法很多,常用的有化学法(涂漆法)、光测法(光弹及激光全息光弹、光纤光栅应变测量)和电测法等。其中用得最广的为电测法与光测法。

电测法实际上是将零件的变形参数(非电量)转换成电流或电压变化参量(电量),并借助电子仪器进行应变或应力的测量。在当前电子仪器高速发展的时代,电测法精确度和灵敏度高,易于操作和适于遥测,因此广为采用。

光测法包括传统的光弹、激光全息光弹等方法和现代的光纤光栅应变测量方法。当前,对传统的光测法来说,通常采用高反射率光具和低功率激光器实时测量零件在受力状态下材料的曲率,从而测出零件材料的应力。光测法是全面了解零件结构应力的重要手段,它可提供重点分析截面的全场应力以及应力连续分布曲线。发动机运行中产生的振动、油雾、烟雾等因素,会严重影响光测法的测量精度,因此传统的光测法在现场应用中受到较大限制。光纤光栅应变测量技术作为一种新兴的应变测量技术,具有结构灵巧、布线简洁、高效、长寿命、抗电磁干扰等诸多优点,在航空航天等尖端装备领域具有重大应用前景。

零件的应力测量分为静应力测量和动应力测量两类。静应力指零件在固定负荷作用下的应力状态,如拉压应力、弯扭应力等。动应力指零件在交变负荷作用下的应力状态,如振动应力等。

9.2 应 变 电 测

9.2.1 引言

应变电测技术自 20 世纪 30 年代开始应用以来,迅速发展,应用日益广泛。在航空领域,应变电测技术已成为必不可少的测试技术之一。

应变电测用到的应变计品种规格很多,除常温下使用的普通应变计外,还有高温(600~800℃)密封焊接式应变计、高温(900℃)动态应变计、防水应变计、大应变应变计、低温(-269~-196℃)应变计、复合材料专用应变计、喷涂式高温应变计与电容应变计等,航空发动机结构强度试验常用的是常温应变计与高温应变计。

应变电测技术具有很多优点。

(1)电阻应变计的尺寸小、重量轻。将它粘贴在构件表面上对构件的工作状态和应力分布影响可忽略不计,能够较好地测出应变;也可以利用几个应变计组成应变花测量并计算出复杂应力状态下某点处主应力的大小和方向。

(2)测量范围广。一般能测量几十到几千微应变。可以测量静态和动态载荷下的应变。

(3)用途广泛。可以直接测量应变和其他一些物理量,还可以制成各类传感器,可在实验室里使用,也可在各种现场条件下使用。

(4)测量精度较高。应变式传感器的精度可达 0.1%F.S. 以上。

(5)可以在各种比较复杂或恶劣的环境中进行测量。

但是,这种测试技术也有一些局限性,它较适于测量构件的表面应变,一般不能用于测量构件的内部应变,对狭小区域的应变测量仍有不足,应力梯度很大的部位测量精度有待提高。

9.2.2 应变测试原理

电阻应变计(也称应变片)是一种把被测构件的变形量转换成电阻变化量的传感元件。本节主要讲述用金属材料制作的电阻应变计。通常将应变计组成测量电桥,利用专业的应变测试仪器进行应变测量。

1. 应变计的构造

不同用途的电阻应变计,其构造不完全相同,但应变计一般都具有敏感栅、引线、黏结剂、基底和盖层(也有很多应变计没有盖层,引线由接线端子替代)等主要部分,其结构简图如图 9.1 所示。

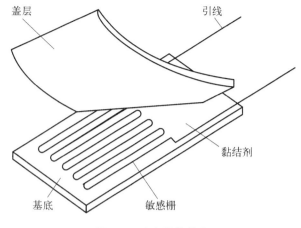

图 9.1　应变计的构造

2. 电阻应变计的计算公式

电阻应变计中金属导线长度的相对变化量用应变来表示,其计算如下:

$$\frac{\mathrm{d}R}{R} = \left[\,(1 + 2\mu) + C(1 - 2\mu)\,\right]\varepsilon \tag{9.1}$$

式中: $\mathrm{d}R/R$ 为导线长度的相对变化量; ε 为应变,无量纲; C 为一个常数,与金属导线的材料和加工方法有关; μ 为导线材料的泊松比。

9.2.3　常温应变计安装方法

1. 应变计安装准备工作

在应变计安装之前,需要有应变计安装图,内容包括构件材质、工作环境、应变计安装位置尺寸、应变计型号规格等。根据需求,准备好相关工具和应变计、黏结剂等。对构件表面进行初步清理和保护,防止工作中对构件造成损害。

2. 安装位置的处理

首先对安装位置(要考虑应变计和接线端子片安装的位置,一般应比应变计宽 6~8 mm,而沿引出线的方向应比应变计长 6~10 mm)进行定位,除去该位置的油污,砂布(或砂纸)磨去表面由于锈斑和锈蚀而形成的孔眼。打磨时,尽量不削弱结构断面强度,并使新旧面交接处不产生突变,以免形成应力集中。砂布的选择视试件材料而定,硬质材料选粗一些的砂布,软质材料选细一些的砂布。试件贴片部位如果很粗糙,可用锉刀修平。完成后依次用丙酮(必要时)和酒精清洗(可用棉签或脱脂棉)。

3. 定位和清洗

按照布片图要求,用划线针(或铅笔、彩笔等,不能划伤构件)在处理好的测点表面轻轻划出应变计安装位置,同时须在安装位置和应变计上标出中心线。可使用透明胶带辅助应变计的定位。

用棉签蘸酒精对安装位置及应变计的粘贴面进行擦拭,至棉球无污迹后,擦干。

4. 应变计的安装

根据黏结剂的使用说明,在应变计背面涂黏结剂。将应变计对准划好的中心线并粘贴,用塑料薄膜盖上,轻轻压平,并用食指通过薄膜沿一个方向滚压,赶出多余的黏结剂和气泡,使应变计紧贴在被测结构上。

根据黏结剂的使用说明,制定相应的操作流程。若使用某些黏结剂,如高性能环氧树脂、改性酚醛、特种环氧树脂,需加一定压力才能保证粘贴严密。首先在应变计上盖一层聚四氟乙烯薄膜,并压上一块 6~10 mm 的软橡胶,然后加上压块和重物对应变计加压。压力大小视应变计及黏结剂的性能而定,通常可取 0.1~0.3 MPa。对粘贴在不能直接加压的顶面和侧面的应变计,需设计专门夹具和卡具将应变计压平。还有一些黏结剂需要加热和固化程序,应针对应变黏结剂的性能而定,待黏结剂完全加温固化后方可除去压力,撕去聚四氟乙烯薄膜。

为有效地消除内应力,保证应变计和接线端子片粘贴后稳定、可靠,需要进行后固化处理。常温贴片后的固化处理是在室温几小时到 24 h 自然固化。在有些需要加温固化的应变计安装时,一般在卸压后将温度升到高出加压固化温度 30℃ 左右,保温 1~2 h 进行稳定处理。

接线端子片的粘贴与应变计粘贴相同。

5. 应变计引出线焊接

安装要点如下。

(1) 应变计引出线焊接使用锡焊,要求焊接段光滑牢固,接触良好,否则会因假焊接使接触电阻变化,引起无规律的零点漂移和摆动。烙铁选择 25 W 左右。

(2) 应变计自带引线(长约 30 mm)时,在引线与接线端子片之间涂绝缘胶,将应变计引线弯成弧形焊接到接线端子片电极的一端。

(3) 应变计不自带引线时,用 $\Phi0.15$ mm 的引线焊在应变计两个焊点上,然后将引线弯成弧形焊接到接线端子片电极的一端。

6. 导线的固定

安装要点如下。

(1) 静力或疲劳试验件从接线端子片电极的另一端焊引出线可使用多股细塑料导线,多股细塑料导线规格约为 $\Phi0.1$ mm,长度约 2 m,或根据现场实际情况而定。细塑料导线焊接完成后,使用粘贴盘将细塑料导线固定在试件上。

(2) 对于旋转和飞行测量的试验件,从接线端子片电极的另一端焊接引出线时使用单芯绝缘线,单芯绝缘线直径约 $\Phi0.15$ mm,长度根据试件实际情况而定,单芯绝缘线焊接完成后,用环氧树脂等黏结剂将单芯绝缘线固定在试件上。对于旋转试验件的应变测试,引出线要求为 S 形,防止因旋转而产生的向心力造成焊接点脱开,常使导线沿试件径向交错引出,应变计安装和导线的固定不应影响旋转系统的动平衡。

7. 应变计安装防护方式

在早期的应变计粘贴布线中,没有考虑或很少考虑应变计引出线在变形过程中对线路的影响,且安装方式复杂,如图 9.2 所示。

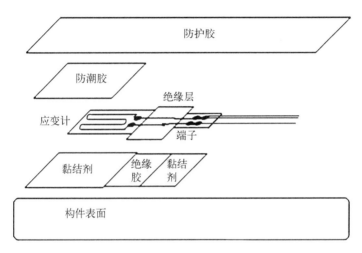

图 9.2　早期工艺贴片引线示意图

当前使用的新的贴片工艺如图 9.3 所示。

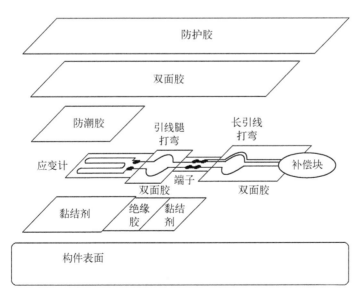

图 9.3　按新工艺贴片走线示意图

在焊点附近,将引线打弯,试件发生变形时,引线不会因为拉伸而对焊点(应变计输出端小焊点和接线端子)产生较大应力,从而引发脱焊。使用这样的方法,可延长测试电桥的使用寿命。

使用双面胶,可加强防护效果,方便引线的布置。

安装后需进行防潮处理[可使用 704 胶、705 胶、聚苯硫醚(polyphenylene sulfide, PPS)胶处理]。试件在水下工作时需进行防水处理。

8. 补偿块的使用

补偿块是应变测量中一种新的补偿方法,它是在一块与待测试验件相同材质的方块上粘贴补偿应变计,该应变计和待测试验件上安装的应变计相同,如图 9.4 所示。

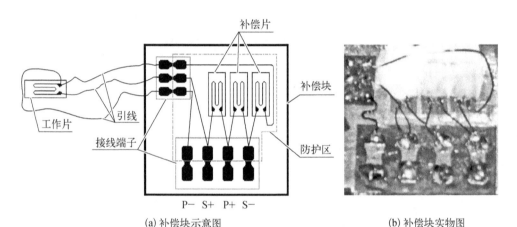

(a) 补偿块示意图　　　　　　　　(b) 补偿块实物图

图 9.4　补偿块图

使用三线制电桥,接线方式与图 9.4 中补偿块示意图中相同。组桥后的电桥示意图如图 9.5 所示。

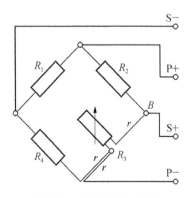

图 9.5　补偿电桥示意图

此时,R_3 为工作片,它连接 3 根引线,其中一根连到了激励电源上,另外两根中:一根与 R_2 相连,一根与 R_4 相连。根据电桥的特性,相邻桥臂的电阻变化量是相减的,这样组桥可以减小电桥的初始零点和引线电阻带来的误差,消除了引线温度变化带来的误差,提高了测量精度。

补偿块应尽量靠近贴片的位置,粘贴在被测试件表面。这里用的黏结剂要求有较大的弹性,以减少对试件强度的影响,同时要使补偿块与试件的温度尽量相同。故处理方式如图 9.6 所示,在补偿块

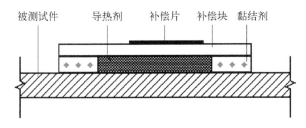

图 9.6　补偿块安装示意图

四周使用黏结剂,中间位置填充导热剂。

9. 电阻应变计的安装检查

应变计的质量检验项目如下:

(1) 检查初始零点和零点漂移;

(2) 检查应变计粘贴前后阻值的变化;

(3) 检查绝缘电阻;

(4) 检查应变计内是否有残余的气泡;

(5) 检查贴片的位置准确与否;

(6) 检查是否有断路、短路或敏感栅是否变形。

9.2.4　高温应变计安装方法

1. 高温胶手工粘贴的应变计安装工艺简介

高温胶手工粘贴适用于各种转静子件,应用温度可达 800℃。相比火焰喷涂,有些部位不能喷到,各种部位都可以用手工粘贴,对设备要求低,贴片区域可以很小,涂层也可以较薄,具有较高的测量精度。其缺点主要是需要丰富的经验和灵巧的操作,高温胶需要多次在加温炉中固化,故贴片周期很长,且黏结剂常有一定的毒性,贴片时需做好防护。

高温胶采用手工粘贴时,应变计安装工艺流程如下。

(1) 试件表面准备。

根据试件或者构件部分表面情况,用酒精或汽油等溶剂清除表面油污,然后用干燥空气吹干。清洗环境必须通风良好。

(2) 贴片部位的表面准备。

贴片部位需进行打磨,为保证打磨一致性及表面粗化程度,一般采用喷砂打磨,给过滤后的压缩空气以足够的压力,将合适目数的氧化铝颗粒喷射在贴片部位上。喷砂后,及时清理表面灰尘。

(3) 贴片位置标记。

确定应变计栅格中心在零件上的位置,并以十字叉标记在栅格中心上。

（4）涂绝缘底胶层。

在试件表面贴片区域涂一层薄而均匀的绝缘底胶层，并按要求进行固化。

（5）安装、固定应变计。

把预备好的应变计对准测点坐标，通过临时框架固定于绝缘胶层表面，同时以一定间隔固定应变计引脚直至连接高温导线的位置。

（6）涂固定胶层。

涂固定胶层时，要将窗口内的应变计栅丝、引脚基本覆盖住，并加温固化。

（7）除去框架。

将固定应变计的临时框架和固定引脚的高温胶布小心去除，防止损坏应变计。

（8）涂覆盖胶层。

对整个裸露部分涂覆盖胶，完全覆盖栅丝及引脚，仅露出连接高温导线部分。控制整体胶层厚度均匀，按要求进行加温固化。

（9）质量检查。

检查应变计引脚裸露端电阻和绝缘电阻。

2. 火焰喷涂应变计安装工艺

典型的火焰喷涂设备是 ROKIDE 公司生产的氧气-乙炔火焰喷涂装置，如图9.7所示，这是一种熔线式火焰喷涂装置。火焰喷涂装置采用陶瓷氧化棒作为材料，通过喷枪把氧化铝棒材熔化，熔化的棒材经过高温形成熔化的均匀颗粒，在高速气流的作用下喷射至试件表面，并迅速冷却淀积成涂层，应变计栅丝埋置在氧化物涂层内，使得应变计栅丝可以随试验件表面共同变形同时不会在高温、气流、离心力等作用下脱落。火焰喷涂设备主要由喷涂系统主单元、配套设备（操作台、气体调节控制柜、空压机、氧气瓶、乙炔瓶、抽风机等）组成。

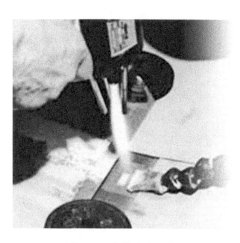

图 9.7　火焰喷涂设备

需要注意的是，氧气-乙炔燃烧的速率和氧化铝棒材的输送速度需要有一个合适的比例，即要保证棒材能被均匀、充分地熔化。同时，压缩空气的流量和压力也要匹配好，使得熔化后的材料能被充分吹散成粉末状同时具有足够的初速度从喷涂枪嘴射出。氧化铝棒属于多孔易附着材料应保持干燥并不要被污染。

采用火焰喷涂时，应变计安装工艺流程如下。

（1）试件表面准备。

根据试件或者构件部分表面情况，用酒精或汽油等溶剂清除表面油污，然后用干燥空气吹干,清洗环境必须有良好通风。

(2)贴片部位的表面准备。

对贴片部位进行打磨,为保证打磨一致性及表面粗化程度,一般采用喷砂打磨,给过滤后的压缩空气以足够的压力,将合适目数的氧化铝颗粒喷射在贴片部位上。喷砂后,及时清理表面灰尘。

(3)喷涂绝缘底层。

在试件表面喷涂 0.13~0.20 mm 厚的喷涂材料作为绝缘层。

(4)安装、固定应变计。

把预备好的应变计对准测点坐标,通过临时框架固定于涂层表面,同时以一定间隔固定应变计引脚直至连接高温导线的位置。

(5)喷涂固定层。

喷涂固定层时,应将窗口内的应变计栅丝、引脚基本覆盖住。

(6)除去框架。

将固定应变计的临时框架和固定引脚的高温胶布小心去除,不可损坏应变计。

(7)喷涂覆盖层。

对整个裸露部分进行喷涂,完全覆盖栅丝及引脚,露出连接高温导线部分。控制整体喷涂层厚度均匀。

(8)质量检查。

检查应变计引脚裸露端电阻和绝缘电阻。

(9)连接高温导线。

固定高温导线,与应变计引脚连接,将引脚在高温导线裸露的金属部分缠绕点焊,再测量高温导线另一端的电阻,确保连通。对连接部位进行绝缘处理和固定。

(10)高温导线走线及固定。

高温导线从应变计引脚处紧贴被测件,到从焊点区至引线处采用方形不锈钢片逐一压紧、覆盖并点焊钢片两侧,最后连接至应变测试仪。

(11)最终检查。

检查高温导线引出端的电阻以及绝缘电阻。

9.2.5 应变电测的应用

1. 常用全桥应变测试电桥

实际使用较多的是全桥应变测试电桥,在图 9.8 和图 9.9 中列举了最常用的几种全桥布置方法。

2. 常用的应变桥式传感器

很多常用的传感器使用应变量进行数据测试,包括拉压力载荷传感器(通常称为力传感器)、压力传感器和部分位移传感器。常用的拉压力载荷传感器有柱式传感器和轮辐式传感器,如图 9.10 所示。

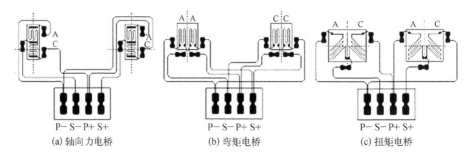

(a) 轴向力电桥   (b) 弯矩电桥   (c) 扭矩电桥

图9.8 两组测弯片组成一组测弯矩电桥

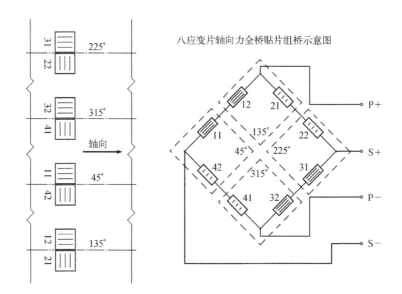

八应变片轴向力全桥贴片组桥示意图

图9.9 四组轴向力片组成一组测试电桥

(a) 柱式传感器   (b) 轮辐式传感器

图9.10 拉压力载荷传感器

柱式传感器的测试电桥如图 9.9 所示,轮辐式传感器的测试电桥如图 9.11 所示。

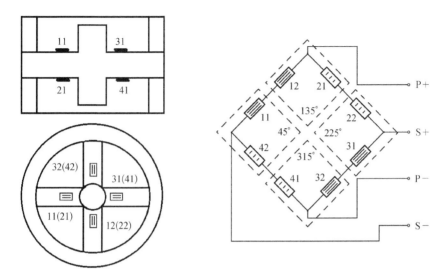

图 9.11　轮辐式载荷传感器

3. 应变测量记录仪器

应变计在试验件上粘贴好之后,组成应变测试电桥,接入应变测试设备。连接示意图如图 9.12 所示。

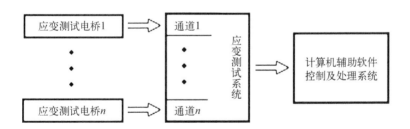

图 9.12　应变测试系统连接线路示意图

常用的应变测试设备可以进行 120 Ω、350 Ω 应变计的四分之一桥、半桥和全桥的应变测试,也可定做进行其他电阻(60 Ω、1 000 Ω 等)的半桥和全桥应变测试。各电桥示意图如图 9.13 所示。

应变计经引出线组成测试电桥后,连接测试电缆线,电缆线另一头连接一个输出接口,将输出接口和设备上的输入接口对接,则桥路上的电压经由应变、电压采集模块采集,通过放大模块放大,再经过滤波模块滤除干扰,得到最后的应变采集数据。

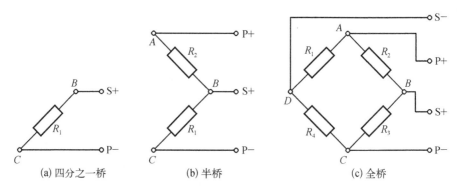

图 9.13　常用测试电桥示意图

4. 常见测试问题及处理

在应力应变测试过程中,常常会出现各种问题,对试验产生不利影响。在进行测试工作时,需要对各种测试问题进行分析判断,确保测试结果的准确有效。在这里,从试验准备阶段出现的问题和以周期性正弦加载的疲劳试验为例,分别说明在应变测试试验中常见的问题。

1) 试验件完成应变计安装并接入应变测试系统后常见问题及解决办法

(1) 所有通道的漂移量较大,解决办法为连接接地线。

(2) 某通道显示正向超量程,需要检查(断开电源,测量电阻)工作应变计或连接导线是否断开或工作应变计电阻变大、补偿电阻是否短路,还可能是 350 Ω 的应变计使用的是 120 Ω 的补偿,或者是量程设置得太小。

(3) 测试加载过程中,发现某测试通道应变数据没有随载荷发生变化,需要检查是否是真实应变很小,通道参数设置是否正确,应变电桥是否存在问题(断开电源,测量电阻),电桥类型是否设置正确,通道实际对应关系是否正确。

2) 在发生故障而无法判断是什么问题时,常用的解决办法

(1) 检查各项参数设置。

(2) 检查通道对应关系。

(3) 检查电桥电阻。

(4) 调换通道。

(5) 检查不同电桥之间的电阻是否出现短路(出现该故障时的表现为:一个通道通电时,另一个显示超量程,而去掉一个则另一个显示正常,此时需要将短路的接线端同时接在激励电压的正极或负极)。

3) 几种典型故障特征

(1) 局部少数周期的时域曲线。

正常情况下局部少数周期的时域应变曲线如图 9.14 所示。

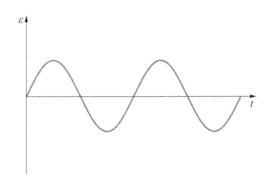

图 9.14　正常状态下局部少数周期的时域应变曲线示意图

故障状态下时域应变曲线示意图如图 9.15 所示。图中,有两种明显故障情况下的应变曲线。

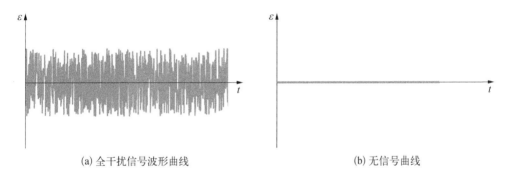

(a) 全干扰信号波形曲线　　　　　　　　　(b) 无信号曲线

图 9.15　故障状态下时域-应变曲线示意图

在正常情况下,当作用疲劳载荷时,出现图 9.15(a)所示的时域曲线,该曲线为随机信号,这时可能的故障情况如下:

① 该通道未连接应变电桥;

② 应变测试电桥或连接测试电桥的导线短路;

③ 应变测试电桥或连接测试电桥的导线断开;

④ 应变测试电桥或连接测试电桥的导线漏电;

在正常情况下,当作用疲劳载荷时,出现图 9.15(b)所示的时域曲线,该曲线为一条直线。这时可能的故障情况如下:

① 实际应变信号超出量程;

② 应变测试电桥或连接测试电桥的导线短路;

③ 应变测试电桥或连接测试电桥的导线断开;

④ 应变测试电桥或连接测试电桥的导线漏电。

图9.16中,两种故障情况的表现都对应于测试电桥的时域应变曲线出现"毛刺"。其中,图9.16(a)所示的时域应变曲线为早期的"毛刺",图9.16(b)所示的时域曲线为中后期的"毛刺",这种情况再继续发展会导致最终信号为一条直线。这时可能的故障情况如下:

① 应变测试电桥中的应变计损坏;

② 应变计细引线焊点松动。

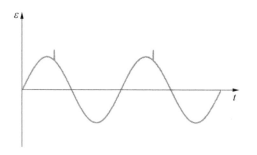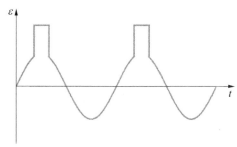

(a) 有周期性"毛刺"的正弦波形曲线　　　　　(b) "毛刺"逐步发展后的正弦波形曲线

图9.16　有"毛刺"的时域应变曲线示意图

图9.17中,对应于两种"削波"故障("削波"也可能出现在波谷位置)情况的时域应变曲线。

在疲劳试验时,出现图9.17(a)所示的时域应变曲线可能的故障情况如下。

某一路(或多路)加载器载荷未加至试验载荷(限位块限制、油压限制、油缸本身尺寸限制、安装问题)。

在疲劳试验时,出现如图9.17(b)所示的时域应变曲线可能的故障情况如下:

① 该应变计测点位置位于安装边附近,应力梯度较大,在很小的区域内同时

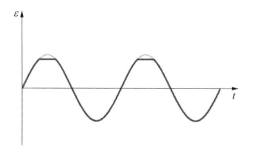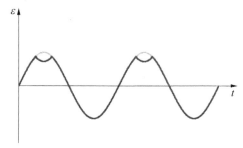

(a) 有削波的正旋波形曲线　　　　　(b) 有反向变化的正旋波形曲线

图9.17　有"削波"的时域应变曲线示意图

存在正向应变和负向应变；

② 某一路(或多路)加载器载荷未加至试验载荷(限位块限制、油压限制、油缸本身尺寸限制、安装问题)。

(2) 长时间历程的时域应变曲线。

正常情况下的长时间历程时域应变曲线如图 9.18 所示。

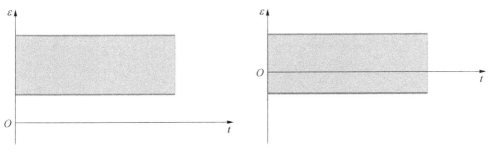

(a) 最大值和最小值均为正应变时   (b) 最大值为正应变、最小值均为负应变时

图 9.18 正常情况下长时间历程的时域应变曲线示意图

如果出现图 9.19 所示的时域应变曲线，检查发现载荷加载正确，较短时间区间的时间历程时域应变曲线如图 9.14 所示，应变振幅的变化超过 10%，则说明该应变计安装位置附近有裂纹出现。该裂纹导致应变计安装位置应力集中，应变上升。

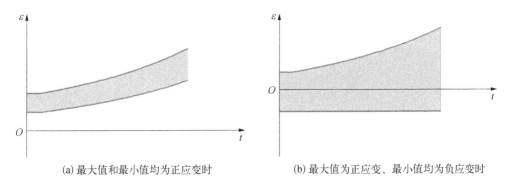

(a) 最大值和最小值均为正应变时   (b) 最大值为正应变、最小值均为负应变时

图 9.19 出现裂纹时长时间历程的时域应变曲线示意图

如果出现图 9.20 所示的时域应变曲线，检查发现载荷加载正确，较短时间区间的时域应变曲线如图 9.14 所示，应变振幅的变化超过 10%。则说明该应变计安装位置附近有裂纹出现。该裂纹导致应变计安装位置应力释放，应变下降。

很多时候，在裂纹扩展的过程中，会出现图 9.19(a)到图 9.20(a)的变化，或者是图 9.19(b)到图 9.20(b)的变化。也就是正向应变先变大,再变小,负向应变无变化。这是裂纹从应变计安装位置附近穿透的表现。

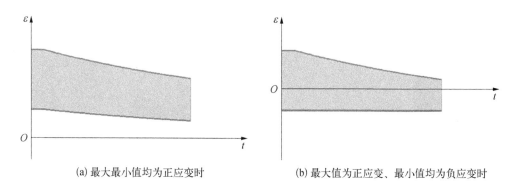

(a) 最大最小值均为正应变时　　　　　　　　(b) 最大值为正应变、最小值均为负应变时

图 9.20　出现裂纹时的时域应变曲线示意图

5. 数据的整理和分析

当应力应变测试试验的某一阶段完成之后,需要对测试数据进行整理和分析。

需要整理的数据包括: 应变计安装参数、测试仪器及相关参数(如仪器精度)、应力-应变数据。静力试验和疲劳试验在应力-应变数据的处理方式上是不同的。

静力试验时的应力-应变数据处理方式:

(1) 按照试验大纲的要求,将需要的试验数据按要求填入相应记录表格(一般在逐级加载、逐级卸载时,记录每级载荷下的应变);

(2) 以载荷为横坐标,在 Excel 中作应变曲线,并进行拟合,检查是否有远离拟合曲线的数据;

(3) 查看原始数据,检查是否存在跳点、试验载荷是否正确、数据是否存在问题;

(4) 如果存在问题,则挑出正确有效的数据,重复以上检查过程;

(5) 对于需要计算应力和标定系数的应按要求处理。

疲劳试验时的应力-应变数据处理方式:

(1) 每隔一定的循环数,记录各测试通道的最大、最小值;

(2) 以循环数为横坐标,分别做出各通道的最大值曲线、最小值曲线、峰谷值曲线,检查在相同载荷下是否有较大波动;

(3) 发现有较大波动的点,先查数据记录本,数据输入和书写是否有误(可进行最近几次的记录对比),再检查原始数据,看该段数据在零点时是否回零;应变振幅超过 10% 需要停车检查,调出超出 10% 的通道重点监控;超过 40% 目视检查如果没有发现裂纹,则需送疲劳损伤检测。

6. 误差分析

应力应变测试过程中,根据应变测试数据的传递方式,应变计会随试验件变形,产生电阻变化,通过细引线传递给与补偿块一起构成的惠斯通电桥测试电路,经由与应变测试仪器接通的长导线,桥路得到供电和反馈电压信号给测试仪器,经过软件转换,将测试得到的电信号转换为应变。测试的示意图如图9.21所示。

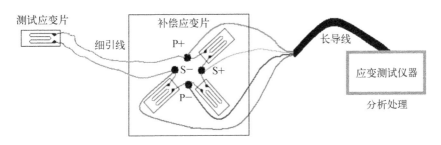

图 9.21 应变测试示意图

从测试的整个环节来说,测试误差包括以下内容:

(1) 应变计安装角度不大于5°,所引起测量误差不大于2%F.S.;

(2) 应变计灵敏系数,误差约为1%F.S.;

(3) 应变计细引线电阻引起的误差约为1%F.S.;

(4) 平面安装位置,尺寸偏移一般都在±0.5 mm以内,误差不大于1%F.S.;

(5) 测试长导线一般在50 m以内,按照50 m计算,误差约为1%F.S.;

(6) 数据采集系统最大误差不超过1%F.S.;

(7) 应变计的热输出的误差约为2%F.S.;

(8) 随机误差约为3%F.S.。

按照以上数据进行计算,最终得到一般情况下的应力应变测试误差小于5%F.S.,若载荷误差小于3%F.S.,则总的测试误差不超过±6%F.S.。

9.3 应 力 光 测

9.3.1 光弹性试验

1. 引言

光弹性法是一种光学应力测量的模型试验方法。在20世纪90年代商用有限元分析软件尚未成熟以前,三维光弹性分析是结构应力计算的主要方法,也是唯一的全场性分析结构内应力分布的试验方法。用这种方法能了解结构物内应力(或位移)分布的全貌,能清晰地反映出应力集中现象,立即得到应力集中系数,能容易地确定最大应力值及其所在位置,更能方便地获得结构物的边界应力值,结果直观性强,因此光弹性试验技术在各行各业得到广泛应用。例如,在我国航空动力工程的发展中,20 世纪 80 年代,中国航空发动机集团有限公司沈阳发动机研究所将光弹性试验技术应用于产品设计、改进、生产、使用等各个环节。光弹性试验技术对设计水平的提高、产品质量的控制、使用安全性的提高起了积极作用,产生了较大的经济效益和社会效益,已经成为航空发动机结构强度分析的重要手段。董本涵等认为,充分应用和发展光弹性方法及试验技术对于我国航空动力工程的发展有重要意义,它是一门工程性很强的学科,过去的发展是与工程应用紧密结合的结果。今后它的生命力同样在于能否在工程和科学研究中得到更广泛、更深入的应用,还在于它能否不断完善、改进、创新以适应工程上的不同要求。它必须不断提高精度、简化方法、缩短试验周期,综合考虑所要达到的标准及所需获得的数据、费用和时间。

　　目前,国内多家高校与研究机构开展了光弹性试验技术的研究。当前光弹性试验的试验流程已有很大简化,在验证有限元计算结果是否正确等方面占有重要地位。

　　本节主要介绍近 10 年来发展的新技术,这些新技术显著降低了试验成本,缩短了试验周期,提高了试验精度。新技术包括模型的制作、模型加载和试验方法三大部分。

　　2. 模型的制作

　　光弹性模型的制作质量是影响试验精度的重要因素,新的模型制作利用了当代多种先进技术全面代替传统的制作技术。主要介绍成熟的环氧树脂模型制作技术。

　　环氧树脂模型的制作包括模型的制作设备、工艺、密封方法、制作流程以及机械加工等内容。

图 9.22　多功能真空浇注成型机实物图

　　1)模型制作设备

　　由中国航发湖南动力机械研究所研制的多功能真空浇注成型机实物如图 9.22 所示,该产品由浇注普通塑料制品的真空浇注成型机改造而成,新设备主要改进如下:

　　(1)为提高模型的光学性能,安装了过滤网,滤掉原材料中的杂质;

　　(2)为提高模型的力学性能,安装了温控系统,有利于降低内应力;

　　(3)为提高智能化水平,设置了可编程逻辑控制器(programmable logic controller,PLC),实现了采用三种工艺

自动浇注;

　　(4) 为使设备具有更长的寿命,且维护方便,新装了防护装置;

　　(5) 为保证设备使用过程中更环保并减小对人体的伤害,增设了收集有毒气体的装置。

　　改进后的真空浇注成型机由真空搅拌控温室、控制室、模型成型室和抽排气装置组成。在真空搅拌控温室内的可控混合料斗上端增设了粗细双层过滤网,提高了模型材料的质量。3 个可控料斗的外面分别安装了控制原材料加热速率和设定温度值的三液位电阻加热器,模型成型室设有控制模型成型温度的红外辐射加热器,真空搅拌控温室与模型成型室之间安装了隔开热交换的隔热层。应用上述系统能有效降低模型的内应力。真空搅拌控温室与模型成型室之间安装了隔离防护罩、弯曲铁皮管和塑料板,能有效避免挥发物进入真空泵,延长设备使用寿命和方便设备维护。在排气管道上安装了一个过滤有毒气体的过滤罐,可收集有毒气体,减少对人体的损害。三种浇注工艺内置于 PLC,可实现自动浇注;遇到新材料工艺参数需要调整时,先手动控制,定型后再自动控制。该设备的特点是具有完善的温控设施、杂质过滤装置和环保装置,它与不同的工艺配合能浇注不同材料的模型。

　　多功能真空浇注成型机具有集成化、快速化、自动化和绿色环保的特点。它是集成了硅橡胶模型浇注工艺、普通塑料制品真空浇注工艺和光弹性模型的真空浇注工艺的设备。

　　2) 光弹性模型的真空浇注工艺

　　下面以齿轮光弹性模型为例讲述真空浇注工艺的流程。该工艺共分三个阶段:配料与模具安装、真空自动浇注成型、拆模与固化。

　　配料与模具安装:根据需要,浇注的光弹性模型的重量按照 100 :(30~35)的比例分别称好环氧树脂 128# 和顺丁烯二酸酐,把环氧树脂 128# 倒入真空浇注成型机的可控料斗 A,把顺丁烯二酸酐倒入可控料斗 B,把密封好的硅橡胶阴模放置在固化模具室内,调节升降平台的高度直到方便通过观察窗观看硅橡胶阴模的进料口和出料口后,将导流管插入硅橡胶阴模的进料口。齿轮的硅橡胶阴模如图 9.23 所示,该阴模利用常规的硅橡胶浇注工艺制作而成。

　　真空自动浇注成型:准备工作全部完成后,启动真空浇注成型机,对真空搅拌控温室和模型成型室抽真空,同时,将可控料斗 A 加热到 120℃,并持续加热 2~3 h;将可控料斗 B 加热到 90℃,并持续加热 0.5~1 h;再使可控料斗 B 冷却至 60℃。当可控料斗 A 保温结束时,可控料斗 A 自动倾倒,环氧树脂 128# 通过过滤网流入可控混合料斗,接着可控料斗 B 自动倾倒,把其中的顺丁烯二酸酐倒入可控混合料斗,同时启动搅拌马达,对两种配料进行混合,在混合过程中,可控料斗内保持真空,并一直恒温 60℃。直到两种材料混合均匀后,停止搅拌,打开密封盖,缓慢倾倒可控混合料斗。混合料通过导流装置缓慢注入硅橡胶阴模,混合料倾倒完

图 9.23 齿轮的硅橡胶阴模

毕,各装置自动归位。浇注结束接着再抽真空 3~5 h 后,固化模具室恒温一直到光弹性模型成型后停止。

　　拆模与固化:将第一次固化后的模型从硅橡胶模具中取出,锯掉飞边和浇冒口,放入恒温箱进行第二次固化。具体操作步骤为:先在干燥箱中常温干燥 0~1 h,然后加热干燥箱至温度为 60℃,并在 60℃恒温 24 h;再以每小时升高 1~3℃ 的速度加热干燥箱至温度为 120℃,并在 120℃恒温 8~24 h;之后再以每小时升高 1~3℃ 的速度加热干燥箱至温度为 145℃,并在 145℃恒温 8~24 h;最后以每小时降低 1℃ 的速度使得干燥箱中的温度降低至 80℃,在干燥箱自然冷却后,取出光弹性模型。最终得到的光弹性模型如图 9.24 所示。

图 9.24 浇注的齿轮光弹性模型

　　光弹性模型的真空浇注工艺的主要注意事项如下。

　　光弹性模型成型时间长,硅橡胶阴模的密封应采用同材料、同设备、同工艺的密封法。

浇注的进料口设置在模具的底部,出料口设置在容易出现缺料的部位,以免浇注模型出现缺料的现象,配备原材料时要比模型需求的量稍多。

真空搅拌控温室与固化模具室的压差不宜超过 20 kPa,持续时间不宜超过 5 min,以免空气进入模型形成气泡;真空浇注成型机的负压不能超过 80 kPa,避免真空度过高抽走混合料,造成模型缺料和混合料进入真空管道,影响真空系统正常工作。

硅橡胶模具应充分预热,内外温度都达到 60℃才开始倒混合料;混合料搅拌、浇注和成型的过程必须保持恒温。

3)硅橡胶阴模密封方法

硅橡胶阴模的密封方法共分三步:硅橡胶阴模预处理、硅橡胶阴模的密封和硅橡胶阴模密封后的处理。

(1)硅橡胶阴模的预处理。

硅橡胶阴模的预处理包括以下步骤:首先彻底清洁硅橡胶阴模,沿分型线用订书针固定好硅橡胶阴模,在硅橡胶阴模上安装好浇注硅橡胶阴模时的进料管道和排气管道,使之成为一个整体。然后制作一个薄板围框,根据硅橡胶阴模的不同,硅橡胶阴模的外壁与薄板围框内壁的距离为硅橡胶阴模壁体最小厚度的 0.5~1.5 倍,把处理好的硅橡胶阴模放置在薄板围框内。

(2)硅橡胶阴模的密封。

硅橡胶阴模的密封包括:① 将称量好的硅胶和固化剂分别倒入制造设备的可控混合料斗和可控料斗中;② 将预处理好的硅橡胶阴模及薄板围框放置在制造设备的升降平台上,调节平台高度把进料管道套入制造设备的倒流装置,并用扎带扎好;③ 编制好程序并启动制造设备,对制造设备的真空搅拌控温室和模型成型室抽真空,时间持续 20~40 min;④ 将可控料斗中的固化剂倾倒入可控混合料斗进行混合,同时启动制造设备的搅拌马达,并继续抽真空 2~5 min 以排除混入其中的空气;⑤ 将混合料通过导流装置缓慢注入薄板围框,混合料倾倒完毕,真空搅拌控温室停止抽真空,对制造设备的模型成型室继续抽真空 3~10 min;⑥ 停止对制造设备的模型成型室抽真空,然后分三个阶段进气;⑦ 把硅橡胶模型在室温下放置 8~12 h,或者放入烘烤箱在 40~60℃下保持 2~4 h,进入硅橡胶固化步骤,完成对硅橡胶阴模的密封。

(3)硅橡胶阴模密封后的处理。

模型密封后的处理包括:首先将密封好的硅橡胶阴模放在干燥箱中升温,温度控制在 110~130℃,干燥的时间持续 45~50 h 使硅橡胶完全固化;然后使其自然冷却到室温,接着将脱模液倒入硅橡胶阴模,使脱模液流过整体硅橡胶阴模内腔;最后倒置硅橡胶阴模让脱模液流出,自然干燥后,完成密封投入使用。

4）光弹性模型及其制作方法

环氧树脂模型制作采用一种光弹性模型及其制作方法,该方法引进了快速成型领域的激光快速成型技术和硅橡胶全真空浇注技术,同时采用真空浇注成型机、三同密封方法和光弹性模型的真空浇注工艺方法等自研的先进设备、方法和工艺对传统方法进行全面革新。

制作榫头、榫槽阳模。主要步骤如下:

（1）设计榫头、榫槽 UG 图纸,按照光固化立体成型技术的要求转换成激光快速成型机的格式;

（2）在激光快速成型机中放入光敏树脂原材料;

（3）启动设备编制程序后直接成型模型,实物图如图 9.25 所示。

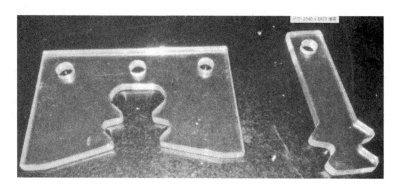

图 9.25　榫头、榫槽实物图

全真空浇注技术浇注硅橡胶阴模,主要步骤如下。

把制作好的阳模做好支撑放入一个薄硬纸板围框中并一起放置到真空浇注成型机中。

按照室温硫化型硅橡胶(room temperature vulcanized silicone rubber, RTV 硅橡胶)988#∶固化剂=100∶1.8 的比例称量好模型浇注所需的原材料,利用真空浇注成型机及硅橡胶全真空浇注技术实现全真空自动浇注。

浇注结束后、自动停机,让硅橡胶阴模自然固化。

取出光敏树脂模型,主要步骤如下。

沿分模线用手术刀划开硅橡胶阴模,取出光敏树脂模型,分模线尽量是模型试验时非主要受力部位,而且分模线要以简单为佳,硅橡胶模型有较好的弹性,用手掰开能取出模型即可。

硅橡胶阴模自然固化后,撤除薄硬纸板围框。

根据试验技术要求,选取试验的非受力面或次要受力面设置分模线,用手术刀沿分模线划开硅橡胶阴模,阴模不全部划开,只划到阴模型整体长度的 2/3 左右,两个人配合,一个人用手掰开硅橡胶阴模,另一个人取出光敏树脂模型。

用硅橡胶阴模的密封方法密封硅橡胶阴模。

按照 RTV 硅橡胶 988#:固化剂 = 100:1.8 的比例称量好模型密封所需的原材料,利用真空浇注成型机和硅橡胶真空浇注工艺实现全真空自动浇注,密封层比硅橡胶阴模高约 3 mm,不得高于出料口的高度。

浇注结束后、自动停机,让硅橡胶阴模密封层自然固化。

用光弹性模型的真空浇注工艺方法浇注模型。浇注结束后、自动停机,让环氧树脂模型等温固化。

3. 模型加载装置

新研制的模型加载设备有模型加载装置和模型混合加载装置。模型加载装置由基本单元、滑轮单元、杠杆单元、弯扭单元及附件单元等组成。它的优点是稳定可靠,拆装简单,便于观察,它集成了通用模型加载装置和专用模型加载装置的功能,根据模型的具体形状、尺寸及其受载情况选用不同的模块来实现冻结试验所需要的加载方式。它把实现拉、压、弯、扭的组件模块化,通用性强,可反复使用,将加载装置和标定装置合二为一,节省了加工资金和设计时间,提高试验效率。模型加载装置见图 9.26。

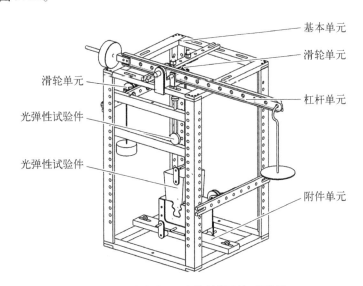

图 9.26　模块化、组合化的模型加载装置

模型混合加载装置包括:温控装置,用于提供光弹性应力冻结试验的温度场;第一加载装置,用于给模型提供旋转离心载荷;第二加载装置,用于给模型提供拉伸载荷。温控装置包括:箱体及用于对箱体内部进行温度调节的温度调节器;箱体上设有用于观察模型受力状态的观察窗;第一加载装置和第二加载装置设于箱

体内以共用温控装置。模型混合加载装置结构简单,且能同时实现对模型施加旋转离心载荷和拉伸载荷,这两种不同载荷下的应力分布冻结在模型中,使得试验数据更加完整,有利于提高试验精度。模型混合加载装置如图 9.27 所示。

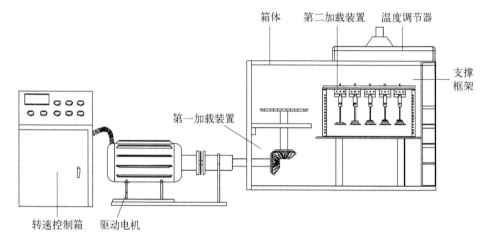

图 9.27　模型混合加载装置

4. 试验分析方法

在原有试验分析方法的基础上,为提高试验精度,新提出一种用于构件应力检测的有限元计算结果的验证方法。

一种用于构件应力检测的有限元计算结果的验证方法,处理流程如图 9.28 所

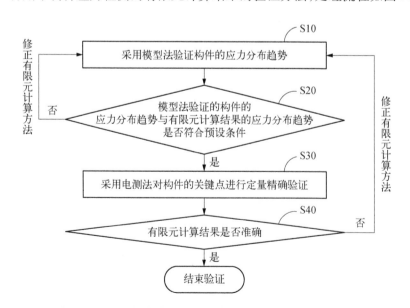

图 9.28　用于构件应力检测的有限元计算结果的验证方法

示:采用模型法验证构件的有限元计算的应力分布趋势是否符合预设条件;若是则进入下一步骤;其中,模型法包括静力光弹性试验或离心载荷光弹性试验;采用电测法对构件的关键点进行定量精确验证,判断有限元计算结果是否准确。先采用模型法验证应力分布趋势是否符合预设条件,再经电测法对构件的关键点进行精确定量验证,保证了有限元计算结果验证的完整性及精确度高的效果,也确保了有限元方法计算得到构件的最大应力部位和最大应力值的科学性及准确性。

9.3.2 电子散斑干涉应变测量

1. 引言

散斑干涉是20世纪70年代发展起来的一种试验应力分析方法。随着光纤传感技术、激光技术以及图像处理技术的发展,三维电子散斑干涉(3 - dimension electronic speckle pattern interferometry, 3D - ESPI)继承了传统散斑干涉非接触的特点,向自动化、高灵敏度、全场三维测量位移和应变分布方向做出新的发展。该技术属于非接触测量,不需要打磨测量表面,并弥补了电阻应变计只能单点测量且不能测量焊缝、小圆弧等区域的不足。

电子散斑干涉测量系统可应用于测量发动机零部件复杂区域的位移情况,得到有效区域内的应变分布,最大主应变点的位置、应变大小和方向。可以验证应力计算结果,为设计提供试验依据。应用的对象主要有机匣、齿轮轴、安装节、叶片榫连接等复杂构件。

工程应用时,根据载荷条件和边界条件设计适宜的转接段。通过加载系统、转接段对试验件分步施加稳定的载荷,通过载荷传感器监测载荷的大小,用三维电子散斑干涉系统测量指定有效区域内的位移和应变分布。

2. 电子散斑干涉技术原理

电子散斑干涉技术运用激光光源照射在粗糙物体表面形成的物光与参考光进行双光束干涉,通过干涉场的变化而测量位移场和应变场。

激光光源照射形成物光的复振幅 $U_0(r)$ 与参考光的复振幅 $U_R(r)$ 分别为

$$U_0(r) = u_0(r) \exp \phi_0(r) \tag{9.2}$$

$$U_R(r) = u_R(r) \exp \phi_R(r) \tag{9.3}$$

式中:$u_0(r)$ 和 $u_R(r)$ 为物光和参考光的振幅;$\phi_0(r)$ 和 $\phi_R(r)$ 为物光和参考光的相位。

物光和参考光在电荷耦合器件(charge coupled device, CCD)靶上干涉形成的光强 $I(r)$ 为

$$I(r) = u_0^2 + u_R^2 + 2u_0 u_R \cos(\phi_0 - \phi_R) \tag{9.4}$$

当被测物体发生变形之后,物光的振幅基本不变,相位改变,而参考光维持不变,因此发生位移后的合成光强 $I'(r)$ 为

$$I'(r) = u_0^2 + u_R^2 + 2u_0u_R\cos[\phi_0 - \phi_R - \Delta\phi(r)] \tag{9.5}$$

将变形前后的所采集到的图像相减后得到:

$$I = |I'(r) - I(r)| = \left| 4u_0u_R\sin\left[(\phi_0 - \phi_R) - \frac{\Delta\phi(r)}{2}\right]\sin\frac{\Delta\phi(r)}{2} \right| \tag{9.6}$$

由式(9.6)可见,相减处理之后光强的变化取决于物体变形引起的光波相位变化。对于图 9.29 所示光路系统光波相位变化与物体变形关系为

$$\Delta\phi = \frac{2\pi}{\lambda}[w(1 + \cos\theta) + u\sin\theta] \tag{9.7}$$

式中:λ 为所用激光的波长;θ 为照明光与物体表面法线的夹角;w 为物体变形的离面位移;u 为物体变形的面内水平方向位移。

图 9.29 所示为典型的德国 DANTEC DYNAMICS 公司产品 Q - 100 三维电子散斑干涉测量系统。

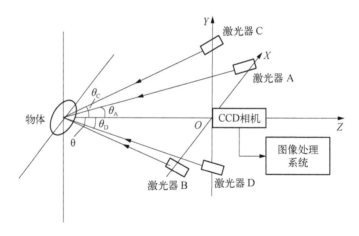

图 9.29   三维电子散斑干涉测量系统

激光器 A 和 B 布置在 XOZ 面上,而激光器 C 则布置在 YOZ 面上。激光器 A、B 和 C 发出的激光束与物体表面的法线(Z 轴)分别成 θ_A、θ_B 和 θ_C。对于只由激光器 A 组成的干涉系统,被测物体变形前后的相位变化由式(9.7)可知:

$$\Delta\phi_A = \frac{2\pi}{\lambda}[w(1 + \cos\theta_A) + u\sin\theta_A] \tag{9.8}$$

同样,只由激光器 B 或 C 组成的干涉系统,被测物变形前后的相位变化分别为

$$\Delta\phi_{\mathrm{B}} = \frac{2\pi}{\lambda}\left[w(1 + \cos\theta_{\mathrm{B}}) - u\sin\theta_{\mathrm{B}}\right] \tag{9.9}$$

$$\Delta\phi_{\mathrm{C}} = \frac{2\pi}{\lambda}\left[w(1 + \cos\theta_{\mathrm{C}}) + v\sin\theta_{\mathrm{C}}\right] \tag{9.10}$$

式中：$\Delta\phi_{\mathrm{A}}$、$\Delta\phi_{\mathrm{B}}$ 和 $\Delta\phi_{\mathrm{C}}$ 通过散斑干涉图由式(9.7)可以得到；θ_{A}、θ_{B} 和 θ_{C} 已知，为仪器的固定参数。

通过联立式(9.8)~式(9.10)就可以解出被测物体的面内位移 u 场、v 场和离面位移 w 场。

而三维电子散斑干涉系统还在 YOZ 面上对称地布置了激光器 D，用于对激光器 A、B、C 的数据进行修正。

3. 安装与调试

1）试验安装

试验时按下述步骤和要求进行安装：

（1）试验件在试验器上的安装位置、安装方法按试验要求进行；

（2）转接段机械连接可靠，紧固件的紧固状态满足试验要求；

（3）载荷控制系统参数正确；

（4）在试验件待测部位喷洒白色显像剂并标记参考点；

（5）将探头支架的安装脚牢固地黏结在待测部位，保证探头能探测到被测区域，同时宜将探头的 X 轴对准需要观测的主要变形方向；

（6）三维电子散斑干涉系统线路正确，各测试仪表处于正常工作状态，通信无误。

2）试验设备调试

设备调试按下述步骤和要求进行：

（1）进行单向加载调试，若需要用位移传感器测量位移，则根据各个方向的最大位移量选择适宜的位移传感器；

（2）进行综合加载至40%的试验载荷，反复加卸载2或3次，每次全面检查各加载杆是否保持原要求状态，松紧是否合适，卸载后各测量仪表是否能回到原位；

（3）分别从多个角度使用专用电筒作为光源记录被测区域的背景图；

（4）施加10%的试验载荷，记录、检查 $+X$、$-X$、$+Y$、$-Y$ 四个方向的相位图是否正常；

（5）设置的有效区域宜最大限度地包括测量区域，但不能包括四个方向相位图中任何条纹不连续、异常的区域；

（6）测量有效区域的三维形貌，记录形貌图。

3）试验及数据采集

在试验准备工作全部完成、调试合格后即进入正式试验并进行数据采集：

（1）正确启动控制系统和三维电子散斑干涉系统；

（2）分级（一般不少于5级）同步施加载荷，在各级进行保载检查，并在最大载荷下保载5 min；

（3）每级载荷下记录采集对应的相位图并进行计算，得到 X、Y、Z 方向位移图 ε_X、ε_Y、γ_{XY}、ε_1、ε_2 云图；

（4）按照试验技术要求的规定，对试验件进行中间检查，如关键尺寸计量；

（5）试验记录要真实、完整、正确；

（6）拍摄试验件照片、试验安装情况照片，视情对试验过程进行录像。

4. 数据处理及误差分析

三维电子散斑干涉系统静力试验中的主要测试参数有载荷、压力、位移等（具体以试验要求为准），试验数据可以采用表格、图形等形式人工记录，也可以采用三维电子散斑干涉系统分析软件人工或自动记录。

计算有效区域内的位移场和应变场，检查被测量场的边缘是否有极小区域的峰值明显高于周围区域。如果有，在排除试验件的原因后回到试验设备调试第（4）步重新检查相位图并修改有效区域。

需要重点观测的应变场，宜在峰值所在位置沿梯度方向或指定的关注方向作出直线分布图，并计算该直线上的平均方向导数，变化趋势过快的部分应分段计算平均方向导数，并考虑探头平面与试验件表面的倾斜角度。

宜在被测量场的最大点附近选择5个呈十字形分布或者9个呈正方形分布的小矩形分析区，绘出它们的平均应变-载荷曲线并找出最大点。

为检验测试重复性，建议在同一试验条件下进行2次以上的重复试验。对于试验中测得的异常数据，应先分析可能引起偏差的原因，然后决定取舍，或者根据数理统计原理进行处理。

试验数据处理完成后应对数据的处理结果进行误差分析。试验数据处理过程中，若发现异常数据，则按一定的判定准则决定是否将该数据删除。常用的准则有 3σ 准则、肖维勒准则、格拉布斯准则等。

9.3.3　光纤光栅应变测量

1. 引言

光纤光栅（fiber Bragg grating，FBG）传感技术是发展迅速的新兴光学测量技术，光纤光栅作为传感元件具有小巧、柔软、抗干扰能力强、集传感与传输于一体、易于制作和安装等优点，此外还具有对环境干扰不敏感、传感精度和灵敏度高、可实现分布式、多参量、长期、实时、在线测试等特点，广泛应用在油井和输油管线的温度测量，桥梁、堤坝以及航空航天的安全监测等。

2. 光纤光栅应变传感原理

光纤光栅结构及工作原理如图 9.30 所示。

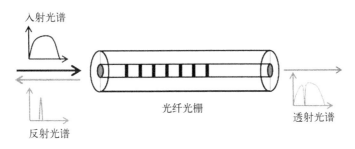

图 9.30　光纤光栅传感原理

入射进入光纤光栅的宽带光,只有满足布拉格条件的光波能被反射回来,光纤光栅反射光波的中心波长,即布拉格中心波长 λ_B 为

$$\lambda_B = 2n_{eff}\Lambda \tag{9.11}$$

式中: n_{eff} 为光纤纤芯的有效折射率; Λ 为光栅周期。其中, n_{eff} 和 Λ 与应变和温度有关。

光纤光栅传感的基本原理即利用光纤光栅的有效折射率和光栅周期对外界参量的敏感特性,将外界参量的变化转化为布拉格波长的移动,实现对外界参量的测量。研究表明,光纤光栅传感测量应变值与光栅波长变化呈线性关系:

$$\Delta\lambda_B = K_\varepsilon\varepsilon_z \tag{9.12}$$

式中: K_ε 为光栅轴向应变与中心波长变化的灵敏系数; ε_z 为光纤轴向应变。

光纤光栅进行分布式传感测量原理如图 9.31 所示,在同一根光纤上部署多个中心波长不同的光纤光栅。宽带光源从光纤的一端入射进入传感系统后,在测点位置光栅处发生反射,反射回来的信号光进入光栅解调仪解调分析。由于每个测点使用的光纤光栅的工作光谱空间互不重叠,每个测点的反射光所在的光谱范围不同,据此可将测量值与测点对应起来,得出沿线分布各点的变化量,获得目标物理量的分布式传感信息。

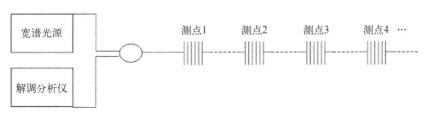

图 9.31　基于光纤光栅传感的分布式测量原理

3. 光纤光栅的安装

光纤光栅传感器的安装质量直接关系到测量的准确性,在光纤光栅应变测量过程中,安装方法如下。

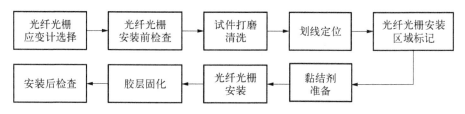

图 9.32   光纤光栅传感器常温粘贴工艺流程图

(1)光纤光栅应变计选择。

根据光纤光栅解调仪工作波段选择合适的光纤光栅传感器(如解调仪工作波段为 1 280~1 320 nm,则所选光纤光栅中心波长必须在此范围内)。

(2)光纤光栅安装前检查。

用光纤光栅解调仪检测光纤光栅中心波长是否在解调仪工作波长范围,是否有明显而单一的反射峰和高的信噪比。

(3)试件打磨清洗。

在待测试件上确定光纤光栅安装区域,并对光栅安装部位进行去油污处理,然后用砂纸打磨并用酒精或丙酮对打磨部位进行清洗至表面平整、光洁、无油漆、锈斑、氧化物油污和灰尘。

(4)划线定位。

在打磨清洗后的待测试件上根据图纸要求划线定位光纤光栅的安装位置。

(5)光纤光栅安装区域标记。

在光纤光栅上标记两端安装点,光纤光栅栅区处于两标记点中间。

(6)黏结剂准备。

将 EPO-TEK 353ND 胶 A、B 组分按 10∶1 混合调匀备用。

(7)光纤光栅安装。

将光纤光栅置于粘贴位置,在两端施以一定拉力,然后用瞬干胶将栅区两端标记点固定于安装位置。待瞬干胶完全固化后,用削尖的小排笔将混合好的 EPO-TEK 353ND 胶均匀涂在光纤光栅标记区域内,胶层刚好覆盖光纤即可。

(8)胶层固化。

将安装好光栅的待测试件置于烘箱中,加温至 150℃固化 15 min,使胶水完全固化。

(9)安装后检查。

检查光栅传感器与试件表面是否贴合紧密、胶层是否均匀无气泡;将粘贴好的光纤光栅接入解调仪,若光栅反射谱同粘贴前类似,没有变形,光功率损失不严重,则说明光栅粘贴有效。

4. 光纤光栅标定

在实际工程应用中,待测试验件材料差异较大,有时需要将光纤光栅应用于与光纤光栅弹性模量相差较大的材料结构上,此时容易出现应力集中现象,使得实际测量结果不能准确反映真实应变情况,因此,试验前需要对光纤光栅在不同材料应用中的应变灵敏度系数进行标定。一般采用万能试验机、等强度梁、四点等弯矩梁等进行应变灵敏度系数标定,同时可以采用电阻应变计进行校准。以四点等弯矩梁为例,应变标定过程如下:

在四点等弯矩梁中间同一位置的下表面和上表面同时粘贴光纤光栅传感器。试验加载方案如图 9.33 所示,四点等弯矩梁,通过两端的支点进行支撑,通过中间加载点使用砝码施加载荷。两支撑点间距离为 l,两加载点间的距离为 a,梁中间位置安装百分表用以测定横梁变形量 ω。

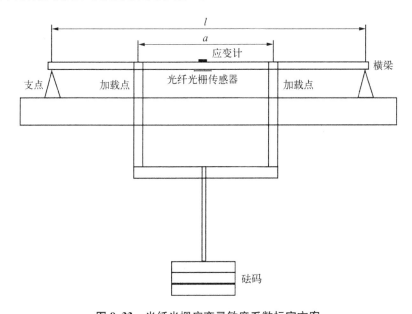

图 9.33 光纤光栅应变灵敏度系数标定方案

试验同时对标准横梁的拉压应变进行标定。试验时,通过增加或减少砝码逐级加载和卸载。每级载荷施加稳定后分别记录光纤光栅解调仪和挠度百分表的读数。

根据材料力学可知,上述四点等弯矩梁两加载点之间的应力为

$$\sigma = \frac{My}{I} = \frac{24E\omega y}{3l^2 - 4a^2} \tag{9.13}$$

梁上下表面的应变为

$$\varepsilon = \pm \frac{Mh}{2EI} = \pm \frac{12\omega h}{3l^2 - 4a^2} \tag{9.14}$$

式中：M 为弯矩；I 为梁横截面的惯性矩；h 为梁的厚度；E 为梁材料的弹性模量。

根据光纤布拉格光栅应变传感原理可知，光栅应变为

$$\varepsilon = K_T \Delta\lambda \tag{9.15}$$

因此，光纤光栅灵敏度系数为

$$K_T = \frac{12\omega h}{(3l^2 - 4a^2)\Delta\lambda} \tag{9.16}$$

式中：K_T 为光纤光栅的灵敏度系数；$\Delta\lambda$ 为光纤光栅传感器中心波长的漂移量。

5. 光纤光栅应变测量试验

航空发动机及传动系统零部件的光纤光栅应变测量试验步骤和要求如下：

（1）根据测试技术要求测点数量及位置，选择合适的光纤光栅传感器安装在待测试验件的相应位置，确认各传感器工作正常；

（2）根据测试结构情况分布固定引线；

（3）连接安装光纤旋转连接器（动态应变测量）；

（4）连接光纤光栅解调仪，并检查各测点信号异常情况；

（5）试验开始时存储记录测试数据，试验结束后停止存储并关闭设备。

6. 数据处理及误差分析

将光纤光栅解调仪采集的波长数据通过前期的标定系数转换为目标测量应变数据。对于试验中测得的异常数据，应先分析可能引起偏差的原因，然后决定取舍，或者根据数理统计原理进行处理。

试验数据处理完成后应对数据的处理结果进行误差分析。试验数据处理过程中若发现异常数据，则按一定的判定准则决定是否将该数据删除。常用的准则有 3σ 准则、肖维勒准则、格拉布斯准则等。

9.4 特 种 测 试

9.4.1 叶片动应力测试

1. 引言

动应力测量涉及航空发动机的各个零部件，如转静子叶片、转轴、机匣、管路等，其中以叶片动应力测量技术最具有代表性，其包含的贴片工艺、引线工艺、数据

传输技术、数据采集和分析技术基本能全面地体现动应力测量技术的内容。

先进的航空燃气涡轮发动机,压气机高级压比和总压比、涡轮进口温度的不断提高,叶片的造型复杂和工作条件恶劣,致使发动机在研制、生产和使用中,叶片裂断故障最为突出,叶片的可靠性成为发动机的关键问题。

航空燃气涡轮发动机问世以来,研制航空发动机的国家和公司,对叶片的应力测量十分重视,国内外在发动机军用规范或民航适航条例中,对叶片应力测量要求,均有明文规定。

叶片的动测是指叶片在旋转状态下或发动机工作时所进行的叶片振动特性、应力和其他参数的测量。随着我国航空工业的不断发展,叶片的动测工作越来越显得重要和必需,目前,无论是在新机研制、老机排故、延寿等工作中,均已成为必不可少的手段和重要的测试项目。

动应力测试目的如下。

(1) 确定叶片工作转速范围内的振动特性(叶片动频、振型、共振转速、发动机激振频率及其阶次,应力-转速特性等)。

(2) 确定叶片在飞行包线范围内应力与发动机工作状态之间的关系。

叶片工作时的振动应力或组合应力,除和发动机工作转速有关外,还和发动机的各种进、出口气动状态和调节状态有关。因此,确定在发动机各种工况下(其中包括过渡态和特殊工况)的叶片应力-状态特性对叶片在整个飞行包线范围内能否可靠工作,可以做出明确的评估。

(3) 确定叶片失速颤振边界。

叶片失速颤振边界是决定压气机(或发动机)极限工作边界的一个重要条件。测定叶片失速颤振的主要手段是动测试验。试验中找出叶片颤振时的危险振动应力与气动攻角及其他气流参数间的关系。

叶片动应力测量的试验件涵盖了发动机所有的转静子叶片,如工作温度相对较低的轴流转子叶轮盘、离心转子叶轮盘、压气机静子叶片和温度较高的涡轮转子叶片盘,涡轮静子叶片等。

2. 叶片动应力测试方法

叶片动测的基本方法有电测法(电阻应变计测量法)、光测法。前者为常用的直接接触测量法,后者为间接的非接触测量法。前者的传感器是应变计,它必须直接粘贴到叶片上并通过导线与引电转换装置(引电器或遥测发报机)把信号传输出来,而后者则与叶片无接触,光测法和电测法都具有本身的优点和缺点。电测法已具有 50 多年的历史,测试稳定可靠,信息完善,容易定量分析,因此直到今天还广泛用于叶片动测试验中。但是由于是直接测量,发动机内部必须敷设引线和安装引电转换装置。这样就需要在发动机内部转子有关零部件上加工额外的孔或槽,从而带来许多不便,甚至影响到转子零部件的强度和动力学特性。与此相反,光测法则不需要这样做,而是间接测量和传输信号。使用探头在机匣上观测叶片顶端或进排气边通过而产生的光电信号,获得叶片振动幅值,通过振动幅值与应力的对应关系转换为叶片振动应力,但这种测试方法技术较复杂,并且受到一定的限制。

1) 直接测量法

直接测量法测量旋转部件的动应力是通过在待测部件指定位置处使用特定粘贴工艺粘贴应变计,应变计导线与测试导线连接,然后连接至与转子同轴安装的信号传输装置(滑环引电器或遥测装置),从而将随试验件高速旋转的应变计信号传输到静止的测试设备上,通过信号采集分析系统得到被测试件动应力。

应变计法动应力测量的关键技术如下。

(1) 应变测点选择。

选择叶片动测级、动测级内测试叶片数目、应变计粘贴位置对后续的测试及数据分析十分关键,直接影响测试数据的置信度和可用性。国外的某些规范中对动测级和动测叶片数目均有明确要求,并规定测试的叶片数必须经适航签证当局同意。

发动机上应变计位置的选择遵照以下原则:

① 贴片位置在可能的各阶振动模态中应该有很高的相对应变响应;

② 贴片位置不能在应变梯度过分高的区域,以便使位置敏感性最小化,应力梯度越大,位置误差对试验结果影响越大;

③ 贴片位置应选在适合粘贴应变计的区域,以减少试验中应变计的失效率。

(2) 应变计粘贴及引线。

要使应变计在高温高速气流环境下可靠工作,应变计粘贴及引线工艺至关重要,直接影响到测试数据的存活率和准确性。

(3) 旋转件应变信号传输。

滑环引电器和遥测装置用于将旋转状态下应变计振动信号传输到静止的信号采集分析设备当中。滑环引电器要求与被测试件转轴同轴安装,并且使用过程中需要冷却系统。

对于多转子系统的高压转子,因没有安装滑环引电器的空间,信号传输需采用安装空间较小的遥测装置,遥测装置一般包括发射系统和接收系统,应变信号与同轴旋转的发射系统连接,通过收发报的方式对测试信号进行无线传输。实际测试过程中,需根据发动机测试位置的具体结构,测点数等因素来确定使用滑环引电器或者遥测装置。

(4) 动应变信号的采集分析。

动应变数据采集分析是将振动应变信号进行实时采集、存储及后期分析。普遍采用的惠斯通电桥测试方法,要求数据采集系统要消除线阻和温漂带来的测试误差,提高测试精度,同时要求系统具备很好的稳定性和抗干扰能力以最终获得理想的动应变数据。继而通过原始数据分析,提取被试件振动频率、振动幅值、共振转速、激振倍频等信息对试验件进行全面、准确的强度评估和寿命预测。

2)间接测量法

非接触法叶片振动测量采用叶尖定时技术,利用叶尖经过非接触测头的时间进行测量。叶尖定时传感器测头安装在压气机静子机匣上,测量旋转叶片经过传感器时所产生的脉冲模拟信号;转速同步传感器安装在转轴上,用来测量转速同步脉冲模拟信号。在叶片发生振动时,叶尖在圆周方向将会向前或向后偏离,引起脉冲到达时间的改变,结合转速传感器提供的同步信号,就可以计算出叶片沿圆周向振动的振幅和频率等振动参数。其原理图如图9.34所示。

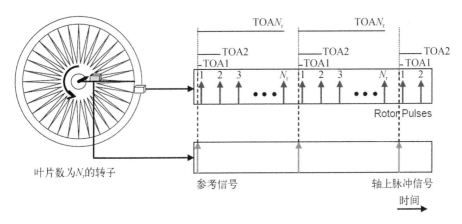

图9.34 非接触法叶片振动测量原理

注:TOAN_r 表示第 N_r 个叶片的到达时刻

非接触法叶片振动测量的关键技术体现在以下方面:

(1)传感器探针的研制。研制满足航空发动机各种恶劣工况下测试需求的探针,如带冠叶片需要将探针布置在叶片进气边和排气边。较高测试温度、特殊测点位置要求特殊设计的探针。

(2)严谨的计时算法和数据分析算法。需要借助严谨的算法通过叶片的到达时刻和转子转速鉴相信号计算获得所有叶片的振动位移、振动频率、共振转速等准确的振动特性信息,换算叶身振动应力。

3.试验设备与测试仪器

1)接触式测量

发动机转子叶片动应力测试系统主要由应变计和应变计安装设备(火焰喷涂装置、点焊机、应变检查仪、贴片工具等)以及信号传输装置(引电器、遥测装置)、动应变测试系统组成。另外还包含测试导线、贴片所需耗材。

测试系统组成如图9.35所示。

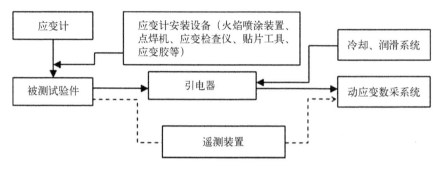

图9.35　接触式动应力测试系统组成

2）非接触式测量

目前,国外的非接触式叶片振动应力测试设备有美国AGILIS公司的叶片振动测量系统、美国HOOD公司的BVM叶片振动测量系统、MTU公司研发的BSSM叶片振动测量系统等,其功能和原理大同小异,传感器的设计各有特点。

美国HOOD公司的测试探针有电涡流探针、电容探针或光学探针,目前可提供的探针最高温度可达1 000℃以上;美国的AGILIS叶尖振幅测量设备,其所用探针最高温度为1 200℃。

MTU公司典型的非接触式叶片振动测试探针产品参数见表9.1。

表9.1　非接触式叶片振动测试探针

探 针 类 型	最高测量温度/℃	冷 却 方 式	说　　明
电容探针用于压气机叶片测量	700	不冷却	同时进行叶尖振幅测量和叶尖间隙测量
电容探针用于不带冠涡轮叶片测量	1 150	可能需要车台气源冷却（取决于机匣温度）	同时进行叶尖振幅测量和叶尖间隙测量
光束间断探针用于带冠涡轮叶片	1 150	流道中探针不冷却,可能需要车台气源冷却光纤	用于涡轮叶片振动位移测量（进气边或排气边叶尖定时技术）

比较有特点的光束间断探针应用于带冠叶片,成组安装在工作叶片叶冠以下的进排气边,并在工作叶片间产生一道光束,叶片旋转过程中不断切断光束获得每个叶片进入排气边和离开吸力面的时刻,从而检测到叶片振动,测试示意图如图9.36所示。光纤分布在探针与探针控制器之间,优点是不需对探针进行冷却,具有低的信号噪声。

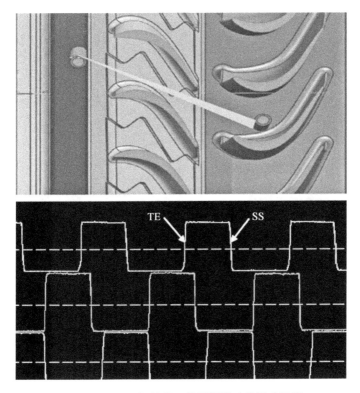

图 9.36　MTU 探针用于带冠涡轮叶片振动测量

TE—叶片排气边;SS—叶片吸力面

除了能研制探针,MTU 公司具备非接触式叶片振动测试需要的所有相关能力。其自主研发的测试系统 BSSM,包含探针位置布局、信号调理、计时算法,数据分析算法、计算激振阶次、计算最大振动峰值,如图 9.37 所示。

国内也有研究单位开发了非接触式叶片振动测试系统,但仅具备粗略统计叶片振动幅值的功能,只能进行大致的定性分析,精度不高,不能进行激振频率识别和振动应力换算,缺少使用验证。

4. 动应力测点位置的确定

动应力测量之前,需确定测点位置,以布置应变计。通过对叶轮振动特性进行计算和试验分析,判断叶轮工作转速范围内可能出现振动的阶次及对应各阶次的应力分布,依据前述测点位置选择原则确定动应力测量的贴片位置和方向。

5. 发动机或部件结构改装

动应力测量对象涵盖不同结构形式和不同工作环境的试验件。动应力贴片引线需要适应构件的特殊结构,对发动机或部件进行结构改装,以引出测试信号。以某型发动机一级轴流叶轮动应力测量为例,引线沿轮盘表面穿过封严套筒补加工

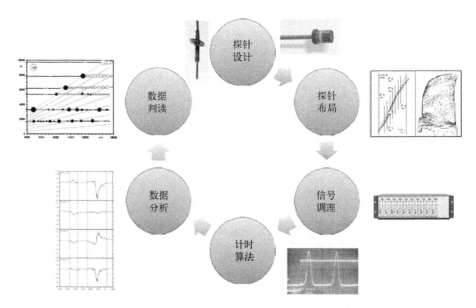

图 9.37 MTU 非接触式叶片振动测试能力

的孔引至中心拉杆孔内,然后向前引出至同轴安装在转子轴端的引电器旋转头上焊接,如图 9.38 所示。

以某风扇部件动应力测量为例,为敷设引线、安装引电器、引出引电器测试电缆和冷却液导管,需要改装的发动机零部件和新设计安装零件见表 9.2 和图 9.39。

表 9.2 零组件清单

序 号	名 称	备 注
1	整流罩	新设计
2	引电器安装座	新设计
3	调整垫	新设计
4	前驱动轴	新设计
5	后驱动轴	新设计
6	引线管	新设计
7	进气导向器	改装
8	风扇盘	改装

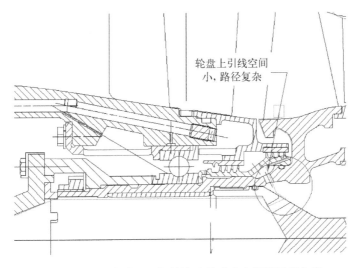

图 9.38　某型发动机一级轴流叶轮动应力测试引线方案

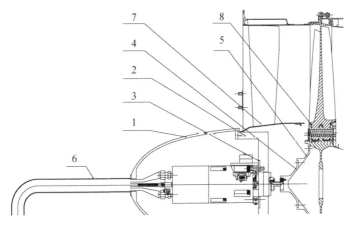

图 9.39　某风扇叶片动应力测试方案

6. 应变计安装

　　根据测试环境选择满足使用要求的应变计,在选定的测点位置进行安装。应变计目前主要有三种安装方式,一种是手工胶粘,选用与应变计配套的黏结剂(环氧胶或陶瓷胶),手工涂抹黏结剂并加温固化;第二种是点焊安装,选择点焊式应变计,通常这种应变传感器和引线用不锈钢护套整体封装在一起,应用时只需点焊安装在试件表面即可,容易掌握,但要求有足够点焊工具操作的空间,且其质量较大,为金属材质,对被测叶片振动特性会产生较大影响,其脱落会损伤高速旋转叶片,不适合在叶轮流道内布置;第三种是喷涂安装,将绝缘耐温棒材或粉末材料喷涂在试件表面,有火焰喷涂和等离子喷涂两种方式。应变计安装应严格按照相应工艺规范进行。

7. 信号传输

信号传输装置目前广泛采用滑环引电器和近程遥测传输装置。

1) 滑环引电器

滑环引电器以美国 AEI 公司滑环引电器系统为例,由滑环子系统、冷却子系统和油雾润滑子系统三部分组成,如图 9.40 和图 9.41 所示。

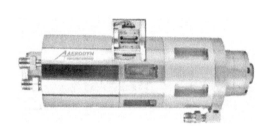

图 9.40　滑环子系统(油雾润滑轴承,36 触点)　　　图 9.41　冷却及油雾润滑子系统

其产品从低速到高速已形成系列化,见表 9.3。

表 9.3　AEI 公司系列化产品

滑环通道数	最大转速/(r/min)
16	100 000
36	90 000
72	75 000
100	60 000
150	45 000
212	32 000
300	15 000
352	15 000
424	15 000

续　表

滑环通道数	最大转速/(r/min)
496	5 000
744	5 000

AEI 公司 36 触点及 72 触点滑环主要技术参数见表 9.4。

表 9.4　36 触点及 72 触点滑环主要技术参数

型号	7025	70014－1
触点数	36(18 通道)	72(36 通道)
最大转速	90 000 r/min	75 000 r/min
使用寿命	大于 1 亿转	大于 1 亿转
电流	每通道最大电流 150 mA	每通道最大电流 150 mA
电压	每通道最大电压 250 V	每通道最大电压 250 V
最大环境温度	100℃	100℃

2）近程遥测信号传输装置

遥测装置一般包括发射系统和接收系统,应变信号与同轴旋转的发射系统连接,接收系统安装在发动机静子部件上,近距离对测试信号进行无线传输。

遥测装置应用日益广泛,系统组成相对简单,不存在类似滑环引电器刷丝刷环的机械磨损,寿命更长,更换维修更方便。当然,遥测装置亦有其使用局限性,通用性较滑环引电器差,其结构是将电子元器件封装在与发动机转静子连接的转子壳体和静子壳体中,一般需要根据发动机结构特点(转轴粗细、轴端安装空间、测点数量)设计制作。

另外,遥测装置的特殊结构使其承受的离心力有一定限制,即在特定的旋转转速下,旋转半径受限。典型的遥测产品如图 9.42 所示。

8. 试验数据处理

动应力的信号分析主要是基于数采

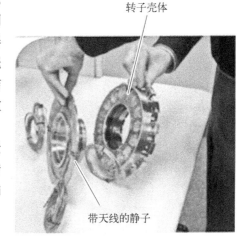

转子壳体

带天线的静子

图 9.42　典型遥测产品

系统采集的原始应变信号,分析叶片振动响应,如叶片振动频率、振动应力幅值随转速变化的特性,并识别激振源。典型分析结果如图 9.43 所示。这些结果还需要结合叶片振动应力分布换算成叶片最大应力点的应力,用于后续的强度、寿命计算分析。

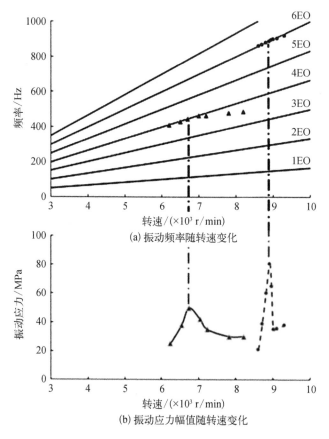

(a) 振动频率随转速变化

(b) 振动应力幅值随转速变化

图 9.43   典型数据分析结果

一些应变测试系统集信号调理、存储、分析功能为一体,可以大大降低分析工作量,除常用的时域、频域分析功能外,具备较完备的阶次跟踪分析功能,通过瀑布图采集和管理指定的分析插件分析数据,并按照不同的参考(转速、时间),通过三维图或轮廓图的方式显示,可以很方便地显示各种域(阶次域、频域、倍频程等)的数据。截面管理器通过简单地点击提取阶次曲线、总级值、固定频率曲线及频谱曲线等,如图 9.44 所示。

9. 试验误差分析

引起转子叶片动应力测量试验误差的主要因素如下:

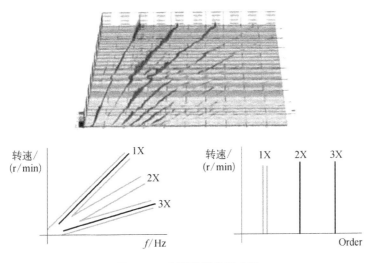

图 9.44 典型数据分析功能

（1）应变传感器及应变信号采集分析仪。

应变传感器的阻值、灵敏度系数存在一定误差,应变信号采集分析仪存在读数误差,综合而言通常有 1%~2%F.S. 的幅值误差。

（2）应变传感器的粘贴位置与粘贴工艺。

电阻应变片的粘贴位置和方向偏差会形成测试误差;粘贴工艺的实际操作(如表面的清洁、胶层的厚薄、粘贴环境的温湿度等)也会引起一定的误差。通常会造成 3%~5%F.S. 的幅值误差。

（3）材料弹性模量 E 的取值误差。

材料弹性模量 E 的值不是固定不变的,与环境温度和材料差异都有关系,通常有 5%F.S. 的幅值误差。

10. 试验评定

通过试验数据分析,显示叶片振动应力幅值、振动频率随转速变化的特性,给出信号时域波形、阶次曲线、总级值曲线、频谱曲线等,判别数据的有效性。这些结果还需要结合叶片振动应力分布换算成叶片最大应力点的应力,用于后续的强度、寿命计算分析,根据型号规范规定的裕度评价叶片的强度、寿命。

11. 动应力测量流程

动应力测量流程如图 9.45 所示。

9.4.2 发动机轴向力测量

1. 引言

按照 GJB 242A—2018《航空涡轮螺旋桨和涡轮轴发动机通用规范》的"3.3.8.4

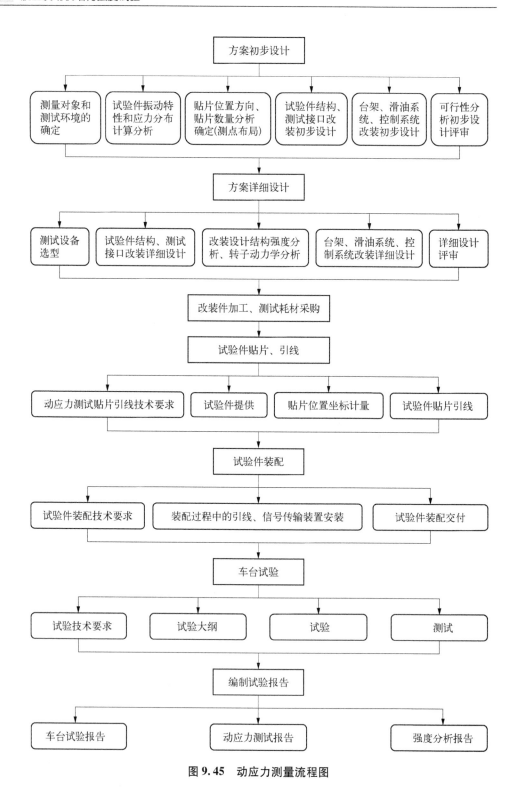

图 9.45 动应力测量流程图

发动机压力平衡"和"4.4.7 发动机压力平衡检验"等条款要求,航空发动机的压力平衡系统应提供合适的单向轴向载荷,在飞行前规定试验阶段完成分析和试验验证,使得轴向力不因过大而导致轴承过早疲劳,也不能过小,特别不允许轴向力方向变换而引起轴承轻载打滑蹭伤。获得的轴向力数据也用作轴承支座零件强度分析用的载荷。

航空涡轮发动机转子轴向力一般采用非标传感器测量,其结果可为航空发动机的气动性能设计、主轴承的合理选取及其可靠工作提供重要数据。

测试对象为航空发动机压气机试验件、模型涡轮试验件、核心机试验件以及整机转子轴向力。

2. 试验原理与方法

发动机转子轴向力测量,即在发动机转子滚珠轴承外环前面或后面安装一个贴有应变计电桥并带多个轴向凸台的机电式传感器,可实时测量转子向前或向后的轴向力。大量试验表明,只要传感器设计合理,应变片选择合适并粘贴可靠,就能够准确可靠地测量发动机转子的轴向力。

轴向力测试系统组成如图 9.46 所示,一般包括测量传感器、应变测试仪及信号处理系统三部分。测试传感器的安装位置由测量处轴向力的方向决定。对于航空发动机系统,压气机转子轴向力向前,因此测试传感器需安装在压气机转子止推轴承外环前;涡轮转子轴向力向后,测试传感器安装在涡轮转子止推轴承外环后面即可测出向后的轴向力。如果某些特殊情况下轴向力方向未知,或者发动机因排故需要要求同时测量转子向前、向后轴向力,则需在轴承外环前后各安装一个传感器。

通过专门的传感器校准试验,得到轴向力测量传感器的应变量与轴向载荷量

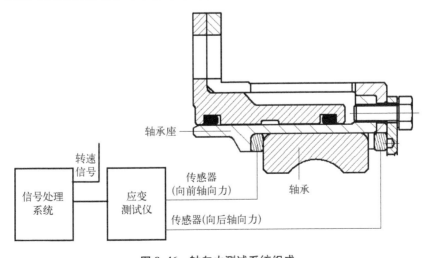

图 9.46　轴向力测试系统组成

的关系,进而将应变值转换为轴向力值,同时将转速信号及应变信号接入数采系统,得到任意转速下的轴向力数值。根据测试位置处止推轴承所能承受载荷的范围来判断该发动机压力平衡系统提供的载荷是否合适。

3. 测试设备与仪器

轴向力测试设备及仪器包含应变测试仪和信号采集分析系统。

4. 轴向力传感器制作

1）传感器结构及设计原理

传感器一般采用轴向两边交错各带 n 个周向均布凸台的弹性环结构,其中凸台数 n 由发动机转子轴向力测量范围及传感器轴向允许的最大位移量决定。一种典型传感器结构如图 9.47 所示,其凸台数 n 为 6。

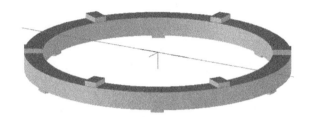

图 9.47　一种典型的弹性环结构图

传感器径向环宽为 b,传感器的轴向长度 H 包括 1 个桥臂厚度 h、2 个凸台高度,凸台周向宽度为 W。根据预测的转子最大轴向力 P、弹性环的内径 $\phi_内$、外径 $\phi_外$ 的尺寸确定 n、H、h、b、W 等参数。传感器结构周向展开图如图 9.48 所示,弹性环单跨力学模型及弯矩、挠度分布图如图 9.49 所示。

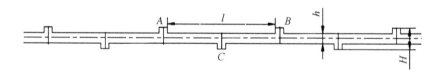

图 9.48　弹性环周向展开图

传感器受到轴向载荷时,相当于在弹性环的单跨中点施加集中力,假设在图 9.49 中 A 与 B 点的转角 θ 和挠度 Y 均为 0,由于弹性环结构对称,载荷对称,故 AC 与 BC 的变形也对称。这可视为静不定问题。经过计算可得弹性环的轴向挠度或位移量为

$$Y = \frac{Pl^3}{16Ebh^3} \tag{9.17}$$

式中：l 为 A、B 凸台之间的周向跨度；E 为材料弹性模量；b 为径向环宽；h 为弹性环桥臂厚度。

2）应变计粘贴

在弹性环应变较大的部位沿周向粘贴应变计，组成全桥测试电路，以获得较大的应变信号。

5. 轴向力传感器的静态标定

轴向力传感器在试验前应进行静态标定，获得测试应变值与轴向力之间的关系。标定分别在室温和工作温度下进行，标定前，调节应变仪为平衡状态，仪器输出为零。逐步施加轴向载荷，同步记录传感器输出的应变值，直到加载到

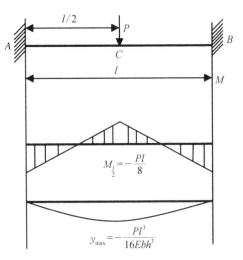

图 9.49　弹性环单跨力学模型及弯矩、挠度分布图

预计的轴向载荷，重复进行 2 或 3 次，检查校准数据的重复性，通过数据平均消除随机误差，最终得到室温下和工作温度下的传感器标定曲线。

6. 传感器安装与检查

将传感器安装于轴承座内，根据测试目的不同安装于轴承外环前面或后面。安装完成后对传感器安装状态进行检查。

1）检查传感器输出的测试线电阻

安装后检查传感器输出电阻应与安装前相同，每根测试线对地电阻要求在 1 MΩ 以上。

2）传感器装机状态检查

装配车上的发动机处于水平位置时，将应变测量仪调节到平衡状态，使其输出为零。将发动机转到垂直位置，使传感器测量发动机转子重量，读取传感器输出数值，应为转子自身引起的重力。若有较大差异，需查找原因。

7. 轴向力测量

1）试验前准备

确保试验所用传感器、测试仪器仪表及测试导线连接处于完好状态。

2）正式试验

开启应变测试系统及数据采集系统电源，运行测试软件。

设置桥路参数，采样频率等，平衡传感器桥路。在发动机即将起动时开始采集数据。

录取发动机试车各种状态下的轴向力试验数据。

8. 试验数据处理

数据处理后可采用列表的方式给出轴向力数值,见表 9.5。同时,给出以时间为横坐标,发动机转速以及轴向力数值为纵坐标的轴向力测量曲线,如图 9.50所示。

表 9.5　发动机轴向力测量数值

日期/车台	百分比转数/%	轴向力数值/N	发动机状态	备　注
××	××	××	××	

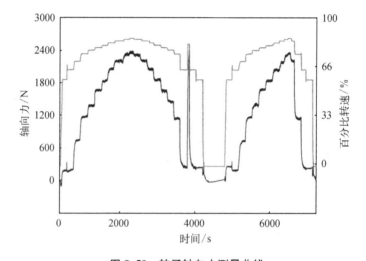

图 9.50　转子轴向力测量曲线

9. 试验误差分析

轴向力测试系统误差主要包括测试传感器精度及测试仪器引起的误差。轴向力测量传感器经过标定后,常温下测试精度一般在±2%以内。经过大量试验验证,应变片温漂引起的轴向力测量误差在±9%以内。一般情况下,测试仪器引起的误差在±1%以内。轴向力测试系统综合误差总量在±10%以内,能够满足工程测试需要。

10. 试验评定

分析轴向力测量数据,主要考虑以下几个方面:

(1)转子轴向力测量数据是否真实可靠;

(2)转子轴向力是否在轴承承载范围内;

(3)在发动机试车过程中轴向力是否有回零或反向的不正常现象出现。

11. 轴向力测量流程

轴向力测量流程如图 9.51 所示。

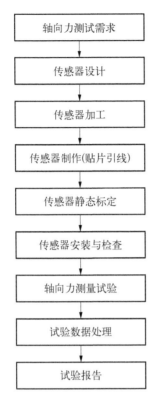

图 9.51 轴向力测量流程

参考文献

董本涵,高鹏飞,1995.航空发动机 I 级涡轮叶片断裂故障分析[J].机械强度,17(3):32-35.

付亚冰,2016.航空发动机和传动系统中电阻应变测试技术应用研究[D].长沙:湖南大学.

郭天才,黄臻荣,高俊,等,2016.硅橡胶阴模密封方法研究[J].润滑与密封,41(11):133-136.

郭天才,廖学军,刘飞春,2016.一种模型应力条纹级数值的处理方法:ZL201410211514.1[P].
    2016-4-20.

郭天才,刘飞春,丁建雄,等,2010.真空浇注成型机:ZL200920311682.2[P].2010-06-09.

郭天才,刘飞春,夏清,2015.一种密封法:ZL 201310241834.7[P].2015-05-06.

郭天才,梅庆,苏楠阳,2016.模型混合加载装置:ZL201410197906.7[P].2016-5-23.

郭天才,梅庆,徐友良,等,2016.光弹性模型的真空浇注工艺[J].真空科学与技术学报,36(5):
    551-555.

郭天才,文华,刘飞春,2014.光弹性模型的真空浇注工艺方法:ZL201210146044.6[P].2014-
    06-11.

四川省建筑科学研究所,1983.电阻应变测试技术[M].北京:中国建筑工业出版社.

孙丽,2011.光纤光栅传感应用问题解析[M].北京:科学出版社.

文华,付亚冰,郭天才,等,2013.三维电子散斑干涉测量与应变测量的对比研究[C].2013 航空试验测试技术学术交流会,北京.

文华,郭天才,徐华,等,2012a.模型加载装置:ZL201120458888.5[P].2012－08－08.

文华,郭天才,徐华,等,2012b.模型加载装置:ZL201120458254.X[P].2012－12－12.

文华,郭天才,徐华,等,2013.模型加载装置:ZL201110365872.4[P].2013－06－05.

吴朝霞,吴飞,2011.光纤光栅传感原理及应用[M].北京:国防工业出版社.

吴大观,1996.发动机叶片动应力测量[J].航空科学技术(3):3-6.

吴宗岱,淘宝祺,1982.应变电测原理及技术[M].北京:国防工业出版社.

徐灏,2000.机械设计手册(第5卷)[M].北京:机械工业出版社.

徐华,2007.航空燃气涡轮发动机结构强度试验用应变计安装工艺规范[R].株洲:中国航发湖
    南动力机械研究所.

张熹,孙平,金华,2000.三维电子散斑干涉法在检测残余应力中的应用[J].实验力学,15(2):
    1-7.

中国民用航空局,1987.航空发动机适航规定:CCAR-33-R2[S].北京.中国民用航空局.

中国人民解放军总装备部,2010.航空涡轮喷气和涡轮风扇发动机通用规范:GJB 241A—2010
    [S].北京.总装备部军标出版发行部.

Karalekas D E, Agelopoulos A, 2006. On the use of stereolithography built photoelastic models for
    stress analysis investigations[J]. Meterials & Design, 27: 100-106.

Xie M M, Jiang J H, Yang Y, et al., 2001. Grating big shearing digital speckle pattern interferometry
    [J]. Acta Optical Sinica(光学学报), 21(1): 125-128.